O CÉREBRO EFICIENTE

SANDRA DE CARVALHO MARTINS
PSICÓLOGA

O CÉREBRO EFICIENTE

8 semanas para treinar a memória, o foco e a velocidade mental

academia

A leitura deste livro não substitui uma supervisão médica personalizada.

Preparação: Wélida Muniz
Revisão: Fernanda Guerriero Antunes e Ricardo Liberal
Diagramação: Anna Yue
Imagens de miolo: HAKINMHAN/ iStock
Capa: Rafael Brum
Adaptação de capa: Renata Vidal

Dados Internacionais de Catalogação na Publicação (CIP)
Angélica Ilacqua CRB-8/7057

Martins, Sandra de Carvalho
O cérebro eficiente: 8 semanas para treinar a memória, o foco e a velocidade mental / Sandra de Carvalho Martins. - São Paulo: Planeta do Brasil, 2023.
272 p.

ISBN: 978-85-422-2245-6

1. Cérebro 2. Memória 3. Mnemônica 4. Disciplina mental I. Título

23-2409 CDD 153.12

Índice para catálogo sistemático:
1. Cérebro

Ao escolher este livro, você está apoiando o manejo responsável das florestas do mundo

2023
Todos os direitos desta edição reservados à
EDITORA PLANETA DO BRASIL LTDA.
Rua Bela Cintra 986, 4º andar – Consolação
São Paulo – SP CEP 01415-002
www.planetadelivros.com.br
faleconosco@editoraplaneta.com.br

Aos de sempre.
Nesta festa que é a vida, agradeço aos meus anfitriões e aos convidados que tanto a animam.
Aos que nela permanecem e lhe dão encanto,
e que me apoiam e me deixam sonhar.
Muitíssimo obrigada a todos, e também a você,
que aceitou este convite de celebração à vida.
Que seja eterno o festejo!

Sumário

Parte I

Parte II

PARTE I

INTRODUÇÃO

1

Exercitar todas as capacidades mentais

Quando me lançaram o desafio de escrever este segundo livro, meu tempo livre era escasso. Mas como eu poderia recusar um trabalho que tanto me agrada e diverte, e ainda com o bônus de ter a nobre serventia de despertar os trunfos do seu cérebro para torná-lo mais eficiente, estimulando a cognição da forma menos previsível e mais divertida possível? Assim, tendo em mente que com pequenos passos fazemos enormes caminhadas, comecei a inventar exercícios: criei um hoje, três no dia seguinte, nenhum no dia depois desse... ou seja, segui o meu ritmo, sem pressa alguma. E eis que, quando dou conta, havia mais de 200 novos exercícios, que neste plano se traduzem em oito semanas de estimulação cognitiva para o seu cérebro. Aqui eu lhe proponho exercícios diversificados, engraçados, inesperados e com situações próximas do seu dia a dia.

Este livro foi pensado para todos, desde a criança em idade escolar até o idoso. O que nós queremos é manter o nosso cérebro em boa forma o máximo de tempo possível. Assim, pretendo ajudar você a se ajudar, a estimular a sua cognição, proporcionando-lhe a preservação e melhoria das suas capacidades mentais.

Com um grau de dificuldade ligeiramente maior que o do meu primeiro livro, neste *O cérebro eficiente* apresento a você um vasto conjunto de exercícios que promovem a ativação de oito diferentes domínios cognitivos, a saber: o raciocínio lógico, a linguagem, a memória, a atenção, o raciocínio numérico, a criatividade, as capacidades visuoespaciais e a velocidade de processamento, sendo este último uma novidade.

Este plano de oito semanas vai permitir que você trabalhe a eficiência do seu cérebro:

- preservando e melhorando seu funcionamento intelectual global;
- preparando-o para os desafios do envelhecimento;
- aperfeiçoando algumas capacidades específicas, como a criatividade, a flexibilidade cognitiva, o raciocínio lógico, a memória e a atenção;
- conhecendo melhor as suas capacidades mentais, reconhecendo seus pontos fortes e aqueles que pode melhorar;
- reforçando a confiança nas suas capacidades, fortalecendo a sua autoestima;
- alcançando um melhor funcionamento diário;
- treinando as suas capacidades de forma agradável e divertida.

Para conceber os exercícios deste plano, segui as recomendações da literatura que reforçam que as melhores atividades de estimulação cognitiva devem primar pela novidade e complexidade e precisam ser agradáveis. Os mais de 200 exercícios que você encontrará aqui são de minha autoria e têm relação com situações do cotidiano; são, assim espero, divertidos e vão aumentando o grau de dificuldade até se tornarem desafiadores mesmo para as mentes bem treinadas.

Se conseguir, resolva alguns desses exercícios com familiares ou amigos. Algumas pesquisas revelaram que as intervenções cognitivas produzem benefícios máximos quando os participantes treinam em grupos.[1] Ao fazê-los em grupos, vocês terão a oportunidade de partilhar diferentes estratégias na resolução dos exercícios, ajudarão uns aos outros a compreender qual é a intenção de cada ponto e poderão, ainda, o que recomendo muitíssimo, se divertir e reforçar os laços que os unem. São benefícios para o seu cérebro e para os seus entes queridos!

Para finalizar esta minha nota inicial, devo lembrar a você que os avanços da medicina têm possibilitado que vivamos cada vez mais tempo. A expectativa média de vida está cada vez maior, atingindo, atualmente, em Portugal, 78,1 anos para os homens e 83,7 anos para as mulheres (no Brasil, 73,6 anos para os homens e 80,5 anos para as mulheres, em 2021, segundo dados do IBGE).[2]

É uma ótima conquista, mas convém não esquecer que tão importante quanto somar anos à vida é adicionar vida aos anos. Uma existência longa, em que nunca falte vida a seus dias, é o que desejo a você!

Como usar este livro

Na Parte I, você encontrará uma breve explicação de como o cérebro funciona e envelhece, perdendo eficiência, o que abrange a explicação dos conceitos de neuroplasticidade, reserva cognitiva e neurogênese; o esclarecimento dos efeitos do envelhecimento na cognição,

---

1 Sanjuán, Navarro e Calero (2020).

2 Instituto Nacional de Estatística (dados de 2018-2020).

aquilo que se designa por inteligência fluida e inteligência cristalizada e seu impacto nas diferentes capacidades cognitivas; o esclarecimento do que se entende por envelhecimento saudável, quando nos deparamos com queixas cognitivas subjetivas ou quando o envelhecimento é patológico; prossigo com o foco no envelhecimento saudável, explicando os fatores de risco e os vários fatores protetores desse envelhecimento, como as experiências positivas, os estímulos mentais, o exercício físico, a sociabilidade, a autoeficácia, a ausência de estresse, a alimentação equilibrada e o sono reparador; e, por último, falo sobre cinco mitos associados ao envelhecimento.

Na Parte II, apresento os exercícios a serem realizados ao longo de oito semanas, período em que você treinará os diferentes domínios da cognição, em uma lógica de dificuldade tendencialmente crescente. Cada exercício tem identificado o domínio ou os principais domínios cognitivos que serão exercitados, e você não encontrará exercícios puros em que só um processo cognitivo será estimulado, isso porque as funções cognitivas se interligam e influenciam umas às outras. Para cada um dos 56 dias deste plano, você encontrará alguns exercícios que treinarão áreas diferentes e que ocuparão de dez a trinta minutos do seu tempo, a depender da rapidez da resolução.

Para esclarecer melhor, saliento que cognição é a capacidade do cérebro e do sistema nervoso de receber estímulos complexos, identificá-los e responder a eles, ou seja, é a capacidade de pensar que nos leva à compreensão da nossa realidade. De forma a exercitar a sua cognição, proponho exercícios de:

Raciocínio lógico – são os exercícios que incidem na capacidade de estabelecer relações lógicas: inferir analogias, formular generalizações, verificar a coerência de afirmações que se relacionam e deduzir consequências. Foi neste domínio que incluí as charadas e os enigmas. O que se pretende nesses exercícios é que, através da sua capacidade de abstração, você estabeleça uma relação lógica que, muitas das vezes, não é óbvia e, em alguns casos, poderá não ser a única. Assim, tente adotar estratégias, formular hipóteses e seja preciso e racional em sua resolução.

Linguagem – esta função cognitiva é trabalhada com exercícios ligados a gramática, semântica, fonologia e pragmática próprias da linguagem. Aqui você poderá treinar: consciência fonológica, amplitude do vocabulário, capacidade de nomeação e de compreensão, domínio ortográfico, entre outros aspectos. Percebemos a realidade e pensamos com palavras, por isso a linguagem está em tudo o que fazemos. Quanto maior o nosso vocabulário, bem como a nossa destreza com as palavras, mais facilmente conseguimos nos comunicar com os outros e transmitir o que sentimos e pensamos, ou seja, é mais fácil nos fazer compreender e compreender os outros.

Memória – os exercícios que apresento para o treino da memória focam a memória a curto prazo e a memória episódica, um tipo de memória a longo prazo. A memória a curto prazo é temporária e tem capacidade restrita. Está relacionada com a capacidade de prestar atenção e de reconhecer e registrar informação de armazenamento temporário. Já a memória episódica é a de eventos vividos pessoalmente (por exemplo, como foi o seu réveillon ou o primeiro dia de aula); ela é particularmente vulnerável ao envelhecimento.

Raciocínio numérico – este raciocínio é estimulado através de exercícios que exigem a capacidade de cálculo, ou seja, a capacidade de compreender e utilizar símbolos matemáticos, em vez de símbolos verbais e palavras. O que se pretende é que os cálculos sejam feitos de cabeça, sendo permitido o uso de caneta e papel quando necessário. O uso de calculadora só poderá ser justificado diante da incapacidade de se resolver o exercício de outra maneira.

Capacidade visuoespacial – é a capacidade de combinar mentalmente e de compreender relações entre desenhos ou estruturas no espaço. As capacidades visuoespaciais estão no nosso cotidiano quando precisamos perceber as distâncias entre objetos, como ao estacionar o carro, ou ao perceber a rotação necessária para posicionar um objeto de um jeito específico. Desse modo, os exercícios que apresento para o treino desta função cognitiva envolvem a interpretação e comparação de desenhos, bem como a determinação de relações entre duas e três dimensões.

Atenção – a capacidade de prestar atenção é o que possibilita as demais funções cognitivas e intelectuais. Os exercícios que proponho aqui englobam três tipos de atenção: a sustentada, que se refere à capacidade de manter o foco em determinado estímulo durante um período prolongado; a seletiva, que é a capacidade de se concentrar nas informações relevantes, ignorando as demais; e a dividida, que é a habilidade de manter a atenção em dois estímulos ao mesmo tempo. É nesta categoria que você encontrará exercícios que vão pôr à prova a sua capacidade de manter o foco.

Criatividade – a criatividade é a flexibilidade mental que nos permite encontrar diferentes soluções para um mesmo problema. Está associada ao pensamento divergente e se distingue do pensamento convergente, sendo que neste último tentamos encontrar a solução certa e reconhecida como tal. Precisamos ser criativos sempre que nos confrontamos com situações novas para as quais não existe uma única fórmula certa. Exemplos de situações que colocam a criatividade à prova são: a aquisição de um móvel que implica uma nova disposição da sala, quando a escola do seu filho pede para você fazer uma guirlanda ou quando você precisa pensar, de improviso, em uma brincadeira durante uma viagem de carro em família. A criatividade fortalece a nossa autoestima, nos lembra da nossa individualidade e de que somos capazes de chegar a soluções autênticas e peculiares. Tal como as outras funções cognitivas, a criatividade deve ser treinada. Os exercícios que apresento para isso são de resposta livre, pois todas são possíveis. Encare-os com a mesma seriedade que os outros. Todos temos a capacidade de sermos criativos, basta que haja motivação e treino!

Velocidade de processamento – refere-se à velocidade com que as atividades cognitivas são realizadas, bem como à velocidade das respostas motoras a partir dos estímulos recebidos. A velocidade de processamento tem um papel central, uma vez que influencia todos os outros domínios cognitivos e a maneira como a nossa cognição se reflete no dia a dia. Nenhum desses exercícios avalia isoladamente a velocidade de processamento, mas, sim, a velocidade com que se executam os exercícios que influenciam o desempenho de outro domínio da cognição.

Os exercícios que proponho neste livro apresentam, em sua maioria, estruturas inéditas ou incomuns, o que, de início, pode provocar certa estranheza. Peço que leia os enunciados com atenção e procure entender o que lhe é pedido em cada tarefa. Mesmo que demore mais tempo do que esperava, tente entender os exercícios e seja persistente ao resolvê-los. Lembre-se: o que verdadeiramente exercita o nosso cérebro é aquilo que provoca algum desconforto inicial. Sem dúvida alguma você se lembrará desse desconforto nas situações em que foi confrontado com tarefas que ainda não sabia resolver, como nos primeiros dias em um novo emprego. Mas tenha em mente que a parte que "ainda" não domina é algo com que no futuro você se sentirá à vontade, se sua motivação mantiver os níveis certos. Evidentemente, você se deparará com obstáculos que nem a sua determinação será capaz de suavizar. Mas não esmoreça. Repense sua estratégia e peça ajuda. Estamos sempre aprendendo, seja sozinhos, seja na nossa relação com os outros; mas tenha sempre em mente que "duas cabeças pensam melhor que uma". Se mesmo aliando persistência à ajuda externa a resposta não surgir, dê uma olhada nas respostas e tente entendê-las. Da próxima vez que se deparar com um exercício semelhante, a probabilidade de que o seu cérebro percorra o caminho certo até chegar à solução será, sem dúvida, maior. Com a prática, o seu desempenho vai melhorar e esses ganhos se mostrarão no seu cotidiano.

Os exercícios que sugiro para a primeira semana são acessíveis. Mas não se engane: como já disse, os seguintes não terão o mesmo grau de dificuldade e exigência e, sem dúvida, você encontrará alguns que o farão pensar por um bom tempo. Não desista e mantenha-se firme em seus propósitos. Nesses exercícios mais "desconfortáveis" e complexos, o seu cérebro estará desbravando novos "caminhos" neuronais, o que é ótimo para ele e, logo, para você!

É muito provável que você se veja confrontado com alguns exercícios que achará mais interessantes e outros mais entediantes. Via de regra, os exercícios entediantes são aqueles que não conseguimos resolver com tanta eficácia e rapidez como gostaríamos. O ser humano aprecia o sentimento de autoeficácia. Sempre que o desempenho de uma tarefa não desencadeia essa sensação, surgem o desânimo e a inadequação, ditados pela crença de que "não estou à altura desta tarefa", que me é incômoda. É perfeitamente natural que seja assim, mas não dê muita importância a esses pensamentos e sentimentos. Lembre-se de que estamos falando de exercícios que treinarão a sua cognição, e a sua inteligência é muito mais abrangente do que o mero desempenho em um exercício cognitivo. Dessa forma, ponha tudo em perspectiva, e evite o impulso de "pular" exercícios. O cérebro precisa de novidade e de diversidade para a sua eficaz estimulação. Não esqueça: todos os exercícios são importantes, e o treino da cognição nas suas várias dimensões é o mais benéfico para você. E esse é o objetivo deste plano.

A realização dos exercícios que abrangem os oito domínios da cognição citados também vai permitir que você aprofunde o autoconhecimento, percebendo quais áreas são os seus pontos fortes e quais são as que carecem de melhorias. Para isso, ao final das oito semanas, você encontrará um esquema em que, de forma sintetizada, poderá registrar os resultados alcançados e fazer um balanço da sua evolução. Perceba de que modo a sua vida pode estar sendo impactada pelas potencialidades e fragilidades da sua cognição. Em outras palavras, melhore a sua metacognição, que nada mais é do que a consciência das próprias capacidades e processos cognitivos.

O bom funcionamento cognitivo no dia a dia

Gostamos de nos sentir eficazes nas tarefas que desempenhamos, não importa quais sejam. O sentimento de autoeficácia fortalece a crença de que somos bons em uma dada tarefa, e são crenças como essa que reforçam a nossa autoestima. Por vezes gostamos de culpar as circunstâncias pelo nosso mau desempenho, seja porque dormimos pouco, pelo fato de um exercício estar mal formulado, seja porque não é para a nossa idade; enfim, desculpas não faltam quando queremos proteger a nossa autoestima. Porém, se por um lado essas estratégias aliviam o desconforto, por outro são uma forma de nos desresponsabilizarmos, de nos esquivarmos da ideia de que poderíamos fazer melhor, independentemente das nossas circunstâncias. Tanto para os exercícios deste livro como para a sua vida, deixo o seguinte conselho: mais do que os resultados que obtém, a sua eficácia está em como você se dispõe a tentar, sem temer o erro; a avançar; a se desafiar. Se você tem a coragem de se permitir lançar um olhar realista para as suas capacidades cognitivas (e não só para elas), reforce a sua autoestima. Acredite: essa é a atitude dos humildes, de pessoas que se esforçam não importam as circunstâncias, que dão o seu melhor sem temer os obstáculos. Seja na forma como encara os exercícios deste plano, seja na vida, procure reger-se por esses atributos e verá que a vida recompensará a sua determinação e audácia!

Ao longo da vida somos confrontados, o tempo todo, com estímulos e demandas a que precisamos responder. Por vezes as respostas não nos exigem grande atividade mental, são instintivas, quase se pode dizer naturais. Outras vezes precisamos refletir sobre qual é a melhor resposta a se dar ou qual comportamento adotar diante da situação com que nos deparamos. No entanto, em qualquer uma dessas circunstâncias, saiba que está usando as suas capacidades cognitivas. O que pode lhe parecer a resposta certa e a interpretação adequada diante de um dado problema ou situação, pode não ser assim tão óbvio, e a sua consciência de como está interpretando todo o quadro sempre lhe dará vantagem. Para ilustrar melhor o que estou descrevendo, vou apresentar dois exemplos.

Ao lhe dar orientações sobre como deve executar um novo trabalho, o seu chefe pode estar muito sério e, aparentemente, de mau humor. Isso pode levá-lo a pensar que ele não acredita que você desempenhará bem a tarefa, ou até que está descontente com o seu desempenho. Essa é uma distorção cognitiva muito comum, designada na psicologia por personalização, e que leva as pessoas a se sentirem culpadas por aquilo pelo qual não são as únicas responsáveis. Nesse caso específico, naturalmente o seu chefe pode estar sisudo pelos motivos apontados, mas podemos formular outras hipóteses, como: talvez ele esteja descontente com algum aspecto de sua vida pessoal, pode estar com um enorme volume de trabalho e passando por uma situação de estresse, ou talvez seja algum desconforto físico, motivado por cansaço ou sono.

Em outra ocasião, você poderá começar a realizar os exercícios deste livro, deparar-se com dificuldades e concluir: "Não sou capaz de resolvê-los, isso não é para mim". Naturalmente, o fato de encontrar dificuldades não quer dizer que a estimulação da cognição não seja para você. O estímulo das capacidades mentais é para todos, pois traz benefícios para todos. Questione se você está dedicando a devida atenção aos exercícios, tentando buscar ajuda ou procurando livros com atividades mais fáceis. Esse é um caso de raciocínio emocional, que é uma distorção cognitiva que se caracteriza por pensarmos que, se sentimos algo, essa é a realidade. Os erros ou distorções cognitivas são formas incorretas de assimilarmos a informação, podendo levar a várias consequências negativas na nossa vida. De fato, o que pensamos tem consequências na maneira como nos sentimos e nos comportamos; e procurar ter consciência de como raciocinamos, tentando manter a lógica dos processos mentais, é uma excelente forma de usar o cérebro a nosso favor, e não contra nós.

Ainda nos exemplos citados, como consequência negativa, em ambos os casos, a distorção cognitiva poderia levá-lo a se sentir ineficiente. Mas, ao manter a racionalidade de pensamento, você interpreta em ambos os casos que não poderia chegar a essa conclusão. Além disso, mesmo que em alguma situação da sua vida você seja menos eficiente ou competente, lembre-se de que um comportamento não define quem você é: qualquer pessoa muito eficiente já foi malsucedida em algumas das suas ações. Aquilo que você é vai muito além do que o seu comportamento em dada circunstância. Não supervalorize comportamentos pontuais, não alimente pensamentos que não sejam construtivos, procure ser lógico no que valoriza e sempre use suas capacidades a seu favor.

Explorando agora o raciocínio numérico, é sabido que os bons desempenhos desse domínio podem ajudá-lo a fazer uma boa gestão das finanças, a responder rapidamente a questões banais como "gastei 20 mil cruzeiros na minha casa. Na moeda de hoje, não sei bem quanto seria", ou, ainda, a responder à proposta de alguém que quer comprar o seu carro "por um valor 5% abaixo daquele que você anunciou". São muitas as situações que exigem cálculo numérico e velocidade de processamento. Não as despreze e faça as contas. Tente, sempre que possível, evitar a calculadora. Enfim, não vá de elevador se consegue ir pelas escadas.

Em resumo, todas as capacidades cognitivas que este livro pretende estimular são relevantes para o seu cotidiano. Resolva os exercícios deste plano com a mesma iniciativa e motivação com que os resolveria se fosse confrontado com eles na vida diária. E mais, procure, tanto aqui como no seu dia a dia, ser diligente e motivado na resolução deles. Não tenha dúvidas de que é capaz de aprender, de que o seu cérebro é flexível e que muitas das suas capacidades dependem somente do valor que atribui a elas e de como as desenvolve.

A manutenção de um cérebro saudável é fundamental para a nossa qualidade de vida e a independência. Este livro se propõe a despertar o seu cérebro, relembrando-o da sua flexibilidade e potencial. Cabe a você continuar com o constante ativar das suas capacidades cognitivas pela vida afora. Que o seu cérebro envelheça com saúde e atividade, no contexto de uma vida feliz, é o meu maior desejo!

2

O cérebro

O cérebro é a casa da nossa existência e de tudo aquilo que ela comporta. É formado por muitas partes diferentes que trabalham em conjunto para nos manter vivos e realizando todas as nossas tarefas diárias e funções, que vão desde respirar, sentir frio ou calor, dar alguns passos, até nos guiar no modo como mantemos uma conversa.

Tudo aquilo que pensamos e fazemos é representado no cérebro com padrões de sinais elétricos e químicos que percorrem os neurônios. Cada pensamento, ação ou percepção sensorial estimula conjuntos distintos de células e substâncias químicas cerebrais. É como se cada célula fosse um músico de uma complexa orquestra sinfônica tocando suas notas individualmente, mas em harmonia com os outros elementos da orquestra. O concerto que decorre nada mais é do que o pensamento e comportamento humanos.

Todos os dias, o cérebro está em um permanente estado de ativação, e seus vários sistemas se interconectam para compor uma resposta aos estímulos do meio ambiente. O cérebro se adapta, de forma ininterrupta, às novas informações com que se depara, e é assim que o moldamos a cada vez que aprendemos algo novo.

O cérebro que envelhece

Em 2020, 20% da população total da União Europeia (UE) tinha 65 anos ou mais. As estimativas apontam para que essa proporção chegue a 30% até 2060.[3] Se a tendência atual continuar, a taxa de dependência dos idosos aumentará significativamente em toda a UE nas próximas décadas. Tal mudança demográfica representa um enorme desafio social e uma carga considerável para os sistemas de saúde.

Convém notar que o envelhecimento começa desde o nascimento e prossegue até o fim da vida. O envelhecimento vem acompanhado de alterações moleculares e celulares e, a partir dos 30 anos, leva a perdas graduais de função em todos os órgãos do corpo humano, e o cérebro não é exceção.

Com o avançar da idade, ele evidencia algumas características, como a diminuição de volume, particularmente o córtex frontal, e o aumento dos ventrículos, o que significa uma redução do tecido cerebral em comparação ao de uma pessoa mais jovem. Essas mudanças começam por volta dos 30 anos e continuam até o fim da vida. A Figura 1 mostra uma comparação entre o cérebro de uma pessoa idosa e o de alguém com 30 anos.

---

3 Sanjuán, Navarro e Calero (2020).

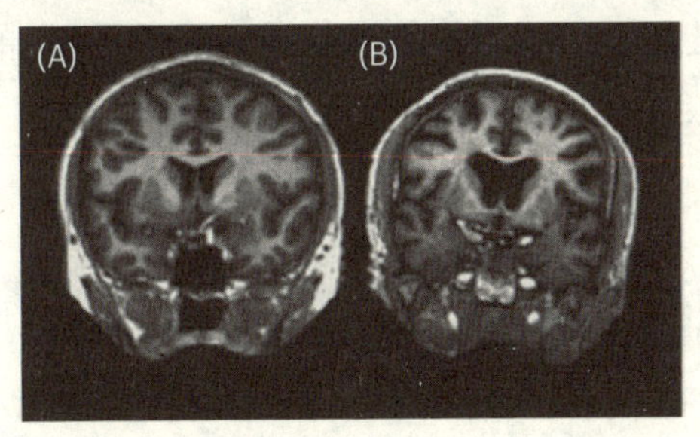

Figura 1 – Imagens cerebrais de dois participantes do sexo masculino destros com 30 anos (A) e 80 anos (B).

A diferença no formato do cérebro dentro do crânio é perceptível nesses cortes coronais. Na imagem do idoso, o cérebro parece ter encolhido dentro do crânio, e os ventrículos parecem ter aumentado.[4]

De fato, a composição do cérebro é afetada com o passar dos anos, e verifica-se que no cérebro das pessoas, a partir da idade adulta, ocorrem perda de massa cerebral, morte neuronal, formação de emaranhados neurofibrilares, aparecimento das placas senis, diminuição da neuroplasticidade e da arborização dos dendritos. Se estas podem ser alterações neuronais relacionadas com outras doenças (por exemplo, doença de Alzheimer e demência por corpos de Lewy), deve-se ressaltar que elas também podem estar presentes no envelhecimento normal. Naturalmente a presença de tais alterações provoca um declínio das funções cognitivas.

Não obstante, são as enormes disparidades no grau de declínio mental observado entre as pessoas que envelhecem que nos permitem concluir que o processo de envelhecimento é muito heterogêneo. Todos nós conhecemos pessoas que parecem prosperar à medida que envelhecem e que mantêm a vitalidade das suas funções mentais. No outro extremo estão aquelas que vivem com alguma demência aos 70 anos, e algumas até antes. É a convicção de que devem

4 Davis (2021).

existir causas subjacentes a tais disparidades que inspira e sustenta os esforços da ciência neste campo.

Neuroplasticidade

A neuroplasticidade refere-se à capacidade de dinamismo do cérebro, à sua maleabilidade e constante reorganização. A ideia de que os neurônios podem ser fortalecidos, alterados ou associados a outras células com as quais se ativam repetidamente contrasta com o tradicional paradigma do cérebro humano como um sistema fixo, rígido e até mesmo degenerativo. A neurociência demonstrou que o cérebro está em desenvolvimento sistemático ao longo da vida, sendo a plasticidade uma característica que o distingue em qualquer idade, embora seja mais acentuada na infância.

Assim, sabemos hoje que o cérebro muda constantemente em resposta às nossas experiências e mantém a "plasticidade" ao longo de toda a vida. Essa capacidade dele pode ser usada para a preservação da saúde.

Em relação ao trabalho sobre neuroplasticidade, surgiu a teoria da reserva cognitiva.

A reserva cognitiva

Essa teoria defende que alguns indivíduos têm maior capacidade de resistir a alterações patológicas no cérebro, como os emaranhados neurofibrilares, em virtude de uma maior reserva cognitiva. A hipótese defende que níveis mais elevados de educação formal, participação em atividades que estimulem o intelecto e a própria inteligência de base contribuem para a formação da reserva cognitiva, que nos protege das manifestações clínicas de doenças cerebrais.

Além disso, pessoas com elevada reserva cognitiva, em comparação àquelas com uma reserva cognitiva mais baixa, são capazes de suportar um grau maior de danos cerebrais antes de apresentar sintomas. Dessa forma, o que os estudos demonstram é que os indivíduos com maior reserva cognitiva têm mais recursos para enfrentar o declínio cognitivo.

A reserva cognitiva pode ser aperfeiçoada ou modificada por meio de fatores ambientais e comportamentais, e a adoção de um estilo de vida ativo e cognitivamente estimulante facilita seu desenvolvimento. Nessa linha, estudos observacionais indicam que atividades intelectualmente exigentes, à medida que melhoram a reserva cognitiva, protegem contra a demência, como a provocada pela doença de Alzheimer, ou pelo menos reduzem a gravidade dos sintomas para aqueles que desenvolveram a doença.

A neurogênese

Um grande exemplo de plasticidade é a descoberta de que o cérebro pode gerar novas células cerebrais, um fenômeno conhecido como neurogênese. Há cerca de duas décadas, ficou evidente que um novo tipo de neuroplasticidade, que está relacionada com a formação de novos neurônios, ocorre no cérebro humano.

A neurogênese em adultos é limitada a regiões específicas do cérebro, como o giro denteado do hipocampo e a zona subventricular. A ocorrência desse fenômeno no giro denteado é de enorme importância, pois esta é uma região do hipocampo essencial para a codificação da memória, possibilitando as aprendizagens. Assim, não é de se estranhar que cientistas tenham verificado que o aumento da neurogênese em experiências com animais fez com que eles aprendessem melhor, enquanto a sua redução teve efeito oposto.[5]

---

5 Sherman (2017).

3

A cognição ao longo da vida

Inteligência fluida e inteligência cristalizada no envelhecimento

Uma teoria proeminente é a divisão de habilidades cognitivas em inteligência fluida e cristalizada, tal como propôs Cattell (1963) há meio século.[6] A inteligência fluida descreve a capacidade de raciocínio e resolução de novos problemas e é frequentemente associada à flexibilidade cognitiva. Já a inteligência cristalizada refere-se a habilidades e conhecimentos acumulados ao longo da vida.

Como a inteligência cristalizada deriva do acúmulo de informações com base nas experiências de vida, como vocabulário, conhecimentos

6 Oschwald et al. (2019).

gerais e história autobiográfica, os idosos tendem a apresentar melhor desempenho em tarefas que exigem esse tipo de inteligência quando comparados aos adultos mais jovens. As habilidades cristalizadas, bem praticadas, podem aumentar até a sexta e sétima décadas de vida, permanecendo estáveis depois disso.

Em contraste, a inteligência fluida refere-se a habilidades que envolvem resolução de problemas e raciocínio sobre assuntos menos familiares e que não têm relação com aquilo que se aprendeu. A cognição fluida inclui a capacidade inata de processar e aprender novas informações e resolver problemas. Muitas habilidades cognitivas fluidas, especialmente a capacidade psicomotora e a velocidade de processamento, atingem o pico na terceira década de vida e depois declinam gradualmente.

Apesar disso, essa teoria foi refutada por vários autores que demonstraram que um declínio ou prejuízo nas habilidades relacionadas com a inteligência fluida pode ser reversível de acordo com o estilo de vida e os comportamentos do indivíduo.[7]

O envelhecimento nas diferentes capacidades cognitivas

Pesquisas de psicólogos e neurocientistas têm revelado que nem todos os processos cognitivos declinam com a idade: alguns melhoram ao longo da idade adulta, e muitas vezes aqueles que melhoram compensam os que declinam.

Certas habilidades cognitivas, como a capacidade de aprendizagem, o vocabulário, a memória semântica e a atenção sustentada, são

7 Sanjuán, Navarro e Calero (2020).

resistentes ao envelhecimento cerebral. Já outras, como a memória episódica e prospetiva, as funções executivas, a atenção seletiva e dividida, a memória de trabalho e a velocidade de processamento, diminuem gradualmente ao longo do tempo. Não obstante, reforço que existe uma diversidade acentuada entre os idosos na taxa de declínio de algumas habilidades.

Linguagem

As habilidades linguísticas estão entre aquelas que são mais bem preservadas no processo de envelhecimento. O vocabulário mantém-se e até melhora com o tempo. Vale a pena ressaltar que o conhecimento de vocabulário, que corresponde à memória semântica, pode ser mais influenciado pela experiência de vida, nomeadamente pela educação formal, por interações sociais ou pela leitura e, portanto, mais apto à manutenção do que, por exemplo, a capacidade de concluir uma tarefa o mais rapidamente possível, o que corresponde à velocidade de processamento.

No entanto, há algumas exceções à tendência geral de estabilização com a idade, como a nomeação por confronto visual, que permanece praticamente a mesma até os 70 anos, e vai declinando nos anos seguintes. Ainda, a fluência verbal, que é a capacidade de realizar uma pesquisa e criar palavras para determinada categoria (por exemplo, nomes de animais que começam com "g") em determinado período de tempo, apresenta declínio com o envelhecimento.

Funções executivas

As funções executivas se relacionam com os processos mentais necessários para planejar e executar tarefas, com a finalidade de alcançar determinados objetivos, assim como com a capacidade de raciocinar e corrigir essas ações. Tais funções compreendem a interação de três domínios cognitivos: memória de trabalho, flexibilidade mental e controle inibitório. Pesquisas mostraram que a formação de conceitos, a abstração e a flexibilidade mental diminuem com a idade, especialmente depois dos 70 anos, pois os idosos tendem a pensar de forma mais concreta do que os mais jovens, tendo dificuldade de abstração. O envelhecimento também afeta negativamente o controle inibitório, que é a capacidade de reter uma resposta automática em favor de uma resposta mais ponderada.

A título de exemplo, há atividades da vida diária em que é necessário gerenciar o tempo, intercalar tarefas, coordenar ações e controlar impulsos e ações inadequadas. Em geral, idosos saudáveis não apresentam alterações significativas que comprometam a execução das atividades cotidianas, havendo apenas certa lentidão em sua execução. Assim, habilidades executivas que exigem rápidos movimentos motores são particularmente suscetíveis aos efeitos da idade. Já outros tipos de funções executivas, como a capacidade de descobrir semelhanças, descrever o significado de provérbios e raciocinar sobre assuntos familiares, permanecem estáveis ao longo da vida.

Capacidades visuoespaciais

Elas nos permitem compreender o espaço em duas e três dimensões e têm relação com a percepção dos objetos, a saber: a capacidade de reconhecer objetos cotidianos e rostos familiares e a percepção espacial, isto é, a habilidade de reconhecer a localização física de objetos sozinhos ou em relação com outros. Trata-se de capacidades que, em geral, estão preservadas em idosos saudáveis que, na ausência de alterações na visão, costumam ter uma boa orientação do espaço físico, tanto dentro como fora de casa.

Memória de trabalho

Refere-se à capacidade limitada que envolve o armazenamento de informações durante tempo suficiente para integrá-las ou reordená-las. São exemplos disso memorizar um número de telefone por tempo suficiente para anotá-lo ou fazer cálculos mentais em uma loja para saber quanto vai pagar.

Estudos sugerem declínios na capacidade da memória de trabalho com o avançar da idade.

Atenção

É a capacidade de dirigirmos o foco para estímulos específicos do ambiente. Enquanto os idosos geralmente não se diferenciam dos adultos mais jovens em relação à atenção sustentada – a capacidade de manter o foco e o desempenho em determinada tarefa por um período prolongado –, o mesmo não acontece quanto à atenção seletiva e à atenção dividida: talvez por serem variantes mais complexas da atenção, esses dois tipos parecem ser mais sensíveis ao envelhecimento. Convém ressaltar que a atenção seletiva é a capacidade de se concentrar em informações específicas do ambiente, ignorando estímulos distratores, o que parece ser uma capacidade que diminui com o envelhecimento. A atenção seletiva é importante para tarefas como conversar quando ao nosso redor se dão outras conversas. Já a atenção dividida é a capacidade de se concentrar em várias tarefas ao mesmo tempo, como falar ao telefone enquanto prepara uma refeição, o que exige certa velocidade no processamento da informação, que é algo que parece ser afetado pelo envelhecimento.

Memória

Uma das queixas cognitivas mais comuns entre os idosos é a alteração da memória. De fato, como grupo, os idosos não têm um desempenho tão bom quanto os adultos mais jovens nos testes de aprendizagem e memória. Alterações de memória associadas à idade podem estar relacionadas com velocidade de processamento mais lenta, capacidade reduzida de ignorar informações irrelevantes e diminuição do uso de estratégias para melhorar a aprendizagem e a memória.

Os principais tipos de memória a longo prazo são a memória declarativa e a não declarativa.

A memória declarativa (explícita) é a recordação consciente de fatos e eventos, incluindo a memória semântica e a memória episódica.

A memória semântica envolve fatos e conhecimentos gerais, como conhecer o significado das palavras. São exemplos de memórias semânticas saber que Roma é a capital da Itália ou que 10 milímetros correspondem a 1 centímetro. Devido ao acúmulo de conhecimentos ao longo da vida, estudos sugerem que a memória semântica tende a permanecer estável no envelhecimento, com ligeiro declínio nos muito idosos.

Já a memória episódica é a de eventos autobiográficos e é especialmente vulnerável ao envelhecimento. Um exemplo de memória episódica é o do primeiro dia de escola, da reunião em que participou na semana passada ou do que almoçou no dia anterior. O desempenho da memória episódica diminui progressivamente a partir da meia-idade, e é esse sistema de memória o primeiro a mostrar declínio, tanto no envelhecimento normal como no patológico.

A memória não declarativa (implícita) é o outro principal tipo de memória e está relacionada com a aprendizagem de habilidades e procedimentos dos quais não temos consciência. Um exemplo desse tipo de memória é a recordação de como se aperta o cadarço dos sapatos e de como se anda de bicicleta. A memória não declarativa permanece inalterada ao longo da vida.

Por último, a memória prospectiva é a capacidade de nos lembrarmos de algo que precisamos fazer no futuro, como ir votar no próximo domingo ou tomar a medicação às 20h. A capacidade de identificar o momento em que se deve agir torna esse tipo de memória mais exigente e vulnerável ao envelhecimento.

Velocidade de processamento

É a velocidade com que processamos as informações que recebemos, as trabalhamos do ponto de vista cognitivo e lhes damos uma resposta. Essa capacidade fluida começa a entrar em declínio a partir da terceira década de vida.

Muitas das alterações cognitivas relatadas em idosos saudáveis são resultado da velocidade de processamento mais lenta. Essa "desaceleração" pode impactar negativamente o desempenho.

Atualmente, outras explicações sobre o declínio cognitivo em idosos são consideradas. Uma ideia defende que ele ocorre como consequência de um ambiente pouco estimulante e falta de envolvimento em atividades cognitivas desafiadoras. Nessa perspectiva, as perdas não se devem apenas ao avanço da idade, mas muitas vezes à falta de uso das funções cognitivas. Isso significa que uma habilidade praticada será mantida ao longo do tempo, enquanto uma habilidade negligenciada desaparecerá gradualmente, podendo-se observar uma diminuição no desempenho cognitivo. Isso não significa que as funções cognitivas não sofram alterações nos idosos, mas, sim, que o ser humano tem a capacidade de aprender e, logo, é capaz de manter os níveis de desempenho de uma capacidade que exercita regularmente.

4

Do envelhecimento normal ao patológico

Já tivemos oportunidade de constatar que existem algumas tendências quanto à maneira como o envelhecimento afeta a nossa cognição. Ainda assim, há diferenças inequívocas no modo como o cérebro das pessoas envelhece, sendo que algumas das mais idosas sofrem menos alterações na estrutura e no funcionamento do que outras.

Envelhecimento saudável

Quando falamos de envelhecimento, falamos de um processo biológico natural. Um envelhecimento saudável abarca várias dimensões que vão além do domínio estritamente físico e englobam o equilíbrio emocional, psicológico, físico e espiritual. Entende-se envelhecimento saudável, conforme definição da Organização Mundial da Saúde, como: "Processo de desenvolvimento e manutenção da capacidade funcional que permite o bem-estar em idade avançada".[8]

Manter o cérebro saudável e ativo é fundamental para uma vida plena, e é no envelhecimento que isso pode significar a diferença entre uma vida dependente e uma independente.

Queixas cognitivas subjetivas

Quantas vezes você já foi até a sala ou a cozinha e esqueceu o que foi fazer lá? Esqueceu o lugar onde guardou algo? Esqueceu o nome de alguém que conhece? Momentos de esquecimento acontecem com todo mundo, mesmo com os jovens. Outras queixas cognitivas frequentes que não têm relação com a memória são: perder o fio de uma conversa, confundir palavras semelhantes, não conseguir se concentrar em uma tarefa quando há distrações e precisar reler um texto para conseguir entendê-lo.

As queixas cognitivas subjetivas não representam processos patológicos e surgem, geralmente, a partir dos 50 anos, como resultado de algumas perdas cognitivas associadas à idade. Contudo, tanto na situação dessas queixas como no declínio cognitivo leve, que representa um estado entre o envelhecimento normal e o envelhecimento patológico, a pessoa continua a ser capaz de realizar, com autonomia, as atividades da vida diária, por exemplo, manter os hábitos de higiene, vestir-se e alimentar-se.

O declínio da memória representa um dos primeiros sintomas da doença de Alzheimer e de outros tipos de demências. No entanto,

---

8 Organização Mundial da Saúde, 2015.

existem diferenças claras entre aquilo que os cientistas chamam de "perda de memória normal relacionada à idade" e demência. Qualquer pessoa pode não se lembrar de onde estacionou o carro, mas esquecer-se de que foi com ele já seria motivo de preocupação.

À medida que envelhecemos, ocorrem mudanças no cérebro, e já se notaram certas tendências de domínios da cognição mais afetados, como vimos anteriormente. Essas alterações são normais, e ainda há outros fatores que podem afetar a memória e o pensamento: cansaço e sono; estresse, tristeza, dor ou ansiedade; efeitos de medicamentos; infecções, doenças agudas ou deficiências nutricionais; e alterações hormonais. A boa notícia é que existem estratégias que podem auxiliar você, como veremos mais adiante.

Envelhecimento patológico

O envelhecimento patológico está associado à vivência de um quadro de demência. Convém frisar que ele não corresponde ao processo de envelhecimento normal.

Demência é um termo guarda-chuva para descrever sintomas causados por doenças que afetam o cérebro, prejudicando a cognição e interferindo de maneira severa na vida social e no desempenho das atividades da vida diária. As doenças mais comuns são: doença de Alzheimer; demência vascular; demência frontotemporal; e demência por corpos de Lewy.

As doenças citadas causam declínio progressivo nas habilidades e no pensamento, o que abrange prejuízos na memória, na linguagem e nas habilidades de resolução de problemas. Com o tempo, partes do cérebro ficam danificadas, o que leva a óbvias mudanças na vida dessas pessoas, acarretando a perda gradual de autonomia.

A falta de saúde cognitiva pode implicar profundamente a saúde física. Pessoas afetadas pela demência podem se tornar incapazes de cuidar de si e de se envolverem em atividades necessárias do dia a dia, como preparar refeições, tomar a medicação de maneira correta ou administrar as finanças.

A prevalência de demência aumenta quase exponencialmente com a idade, afetando cerca de 20% das pessoas com 80 anos e chegando a 40% naquelas com cerca de 90 anos.[9] A demência provocada pela doença de Alzheimer é a forma mais comum, mas estudos recentes indicam que a demência vascular, um tipo causado pela diminuição do fluxo sanguíneo no cérebro, também é um problema crescente.[10]

A doença de Alzheimer está entre as dez principais causas de morte desde o século 20. É notável que as taxas de mortalidade para a doença de Alzheimer estão em ascensão, o que contrasta com as taxas de doenças cardíacas e câncer, que estão reduzindo.[11]

9 Peters (2006).

10 Sherman (2017).

11 Centers for Disease Control and Prevention and the Alzheimer's Association (2007).

5

A saúde do cérebro

Se, por um lado, ficamos animados com os avanços da medicina e das próprias condições de vida que possibilitaram viver mais anos do que as gerações anteriores, por outro é comum termos medo de não conseguir preservar nossas capacidades mentais durante a longevidade.

Há fatores que interferem no desenvolvimento de uma demência, alguns deles fora do nosso controle, como é o caso da genética. No entanto, temos motivos para ficarmos otimistas: evidências atuais apontam uma maior influência do ambiente, em oposição aos fatores genéticos, no que diz respeito ao envelhecimento e longevidade humanos.[12] Nessa linha, pesquisadores concordam que fatores genéticos influenciam 25% da maneira como o cérebro enfrenta o processo

12 Demeneix (2021).

de envelhecimento, ao passo que fatores ambientais ou comportamentais têm um peso de 75%.[13]

Para Nussbaum,[14] a saúde do cérebro é "o resultado de um processo dinâmico em que uma pessoa se envolve em comportamentos e ambientes de forma a moldar o seu cérebro para uma existência mais saudável". Assim, temos sempre a capacidade de moldar o cérebro mediante escolhas que promovam bem-estar psicológico e saúde cognitiva, e não apenas quando já estamos em idade mais avançada.

Fatores de risco

Existe um conjunto de fatores de risco que contribuem para uma probabilidade maior de comprometimento cognitivo ou demência:

- Alcoolismo, abuso de substâncias e tabagismo;
- Coagulopatias (distúrbios da coagulação sanguínea) e dislipidemia (níveis anormais de lipídios no sangue);
- Endocrinopatias (doenças que afetam o sistema endócrino), como diabetes tipo 2, hipotireoidismo e hipercortisolemia;
- Desnutrição (deficiências alimentares e má absorção);
- Excesso de peso e obesidade;
- Ansiedade, estresse, depressão;
- Doença vascular e hipertensão;[15]
- Sedentarismo e isolamento social;
- Baixos níveis de atividade mental complexa ao longo da vida ou de estimulação no início da vida.

---

13 Sánchez-Izquierdo e Fernández-Ballesteros (2021).

14 Nussbaum (2015).

15 Kiraly (2011).

A depressão continua sendo o problema de saúde mental mais prevalente que afeta, em grande parte, a população idosa em todo o mundo. Paralelamente, há evidências de que a doença aumenta o risco de problemas de saúde e diminui a longevidade. Há também estudos que indicam que é improvável que ela seja uma causa de demência – os sintomas depressivos parecem representar uma expressão clínica precoce de demência na vida adulta.[16]

Destaco também a relação entre condições que afetam o coração e os vasos sanguíneos, como hipertensão, colesterol alto, diabetes tipo 2, obesidade e tabagismo, que aumentam o risco de desenvolvimento de demência mais tarde na vida. Essas condições, com impacto no sistema cardiovascular, estão frequentemente ligadas ao estilo de vida, como sedentarismo e/ou dieta mal equilibrada, e são passíveis de mudança.

Fatores protetores

Muitos dos fatores ambientais que conduzem a um melhor funcionamento do cérebro são questões cotidianas – qualidade do contexto social e das interações, alimentação, exercício físico e sono – que podem parecer óbvias, mas que são negligenciadas com certa facilidade.

A promoção da saúde envolve a mudança do comportamento, e as pessoas tendem a resistir a ela. Pense no quanto pode ser difícil fazer mudanças como a de se sentar à mesa em uma cadeira diferente ou dormir do outro lado da cama. Pessoas idosas desenvolveram uma vasta experiência ao longo da vida e, assim, adquiriram um amplo conjunto de rotinas. Essas rotinas e hábitos são difíceis de mudar, até

16 Arcos-Burgos et al. (2019).

porque são eles que revestem o dia a dia de confiabilidade e segurança. A flexibilidade é um requisito fundamental para o desenvolvimento de estratégias de adaptação bem-sucedidas e para alterar hábitos que podem não ser os mais adequados, implementando outros mais benéficos.

Um cérebro saudável não se limita a um cérebro livre de doenças, e sim pertence a alguém que adota um estilo de vida que promove resiliência cerebral e que facilita o bem-estar, independentemente da idade. Essa parece ser uma boa aposta, pois a saúde cognitiva é essencial para envelhecer com saúde, com impacto substancial no grau de autonomia, na adesão ao plano de medicação, na manutenção da vida social, na gestão financeira e nas escolhas alimentares.

Assim, o estilo de vida é cada vez mais reconhecido como fator decisivo para a longevidade saudável e agilidade ou degeneração cognitiva. Um número crescente de estudos demonstra que as atividades cognitivas, físicas e sociais, assim como uma boa alimentação, estão consistentemente associadas com uma melhor saúde cognitiva e funcional. Há muito que podemos fazer para assumir o controle da nossa saúde cerebral e preservar nossas capacidades cognitivas, não importa quantos anos nos restem. São esses fatores protetores que estão ao nosso alcance e que serão analisados em seguida.

(Re)viver experiências positivas

O bem-estar psicológico consiste na capacidade de ter uma visão positiva de si mesmo e da vida, ter um propósito e sentido para ela, sentir-se independente, cultivar relacionamentos positivos e manter-se em contínuo estado de desenvolvimento pessoal.[17]

---

17 Ryff (1989), citado em Castanho et al. (2021).

"O homem é o único animal que pode guiar os seus pensamentos para provocar sentimentos de felicidade ou infelicidade."[18] Essa capacidade não deve ser menosprezada, sobretudo quando se sabe que as experiências positivas beneficiam a cognição e o bem-estar psicológico. Relembrar memórias positivas ajuda a enfatizar bons sentimentos, altera pontos de vista relativos a outras situações e nos ajuda a desenvolver estratégias para superar o estresse causado por eventos negativos.

Sempre estimule a mente

Atividades cognitivamente estimulantes são atividades ou exercícios mentalmente envolventes que desafiam a nossa capacidade de pensar. À medida que envelhecemos, elas podem nos ajudar a preservar habilidades cognitivas como memória, pensamento, atenção e raciocínio.

Pesquisas têm confirmado a precisão da máxima "use-o ou perca-o" aplicada ao cérebro. Há cada vez mais evidências de que a participação em atividades cognitivamente estimulantes pode reduzir o risco de demência e comprometimento cognitivo à medida que se envelhece, além de melhorar o funcionamento diário do cérebro. Mesmo o treino cognitivo em idosos produz um acentuado efeito protetor e persistente no desempenho neuropsicológico.

Quando o cérebro é confrontado com estímulos novos e complexos, potencializamos o desenvolvimento da reserva cognitiva. Atividades novas e complexas são aquelas em que temos pouca habilidade, pouca ou nenhuma experiência, e há certo desconforto ao desenvolvê-las. Em sentido oposto, é prejudicial para o cérebro

---

18 Nussbaum (2015).

que os estímulos e atividades se limitem a ser os mesmos de sempre (como bordar ou fazer palavras cruzadas, se estas forem atividades rotineiras).

Assim, pela saúde do cérebro, devemos nos ocupar com atividades novas e complexas e reduzir aquelas que desempenhamos de forma mecânica e passiva. Alguns exemplos de atividades desafiadoras para o nosso intelecto são: aprender um novo idioma, viajar para lugares que não conhecemos e usar novas rotas em ambientes conhecidos, tocar um instrumento musical, juntar-se a um clube ou grupo para conhecer pessoas e fazer amigos, ouvir músicas novas, dedicar-se a atividades artísticas, jogar jogos de tabuleiro, ler livros que façam você refletir, escrever o que lhe encantar e fazer diariamente exercícios de treino cognitivo (como os deste livro). Há muitas formas de desafiar o cérebro, você só precisa selecionar as que mais lhe agradam.

Exercitar o corpo

A atividade física melhora a função cognitiva dos idosos e reduz a progressão do declínio cognitivo relacionado com a idade. Um estudo relevante sobre o papel da atividade física na promoção da saúde dos idosos demonstrou que a prática de exercício físico está associada a um risco 38% menor de declínio cognitivo e à melhora de vários aspectos da cognição, além de reduzir as alterações relacionadas com o avanço da idade nas regiões do cérebro que influenciam as funções executivas, de aprendizagem e memória. Além do mais, prevê um risco 28% menor de desenvolver qualquer tipo de demência e um risco 45% menor de desenvolver a doença de Alzheimer em específico.[19]

---

19 Liu-Ambrose et al. (2017), citado em Sánchez-Izquierdo e Fernández-Ballesteros (2021).

A prática de exercício físico, em particular os aeróbicos como caminhar, andar de bicicleta e nadar, é recomendável e benéfica em qualquer idade, com inúmeras vantagens para a saúde física e cerebral, como: melhora o humor e combate a depressão; aumenta o fluxo sanguíneo hipocampal, acarretando melhorias na memória e na aprendizagem; possibilita que mais sangue e oxigênio fluam para o cérebro; eleva os níveis de substâncias químicas cerebrais que estimulam o crescimento de neurônios, ou seja, favorece a neurogênese; e aumenta o número de células gliais, aquelas que protegem os neurônios e têm impacto na velocidade de processamento.

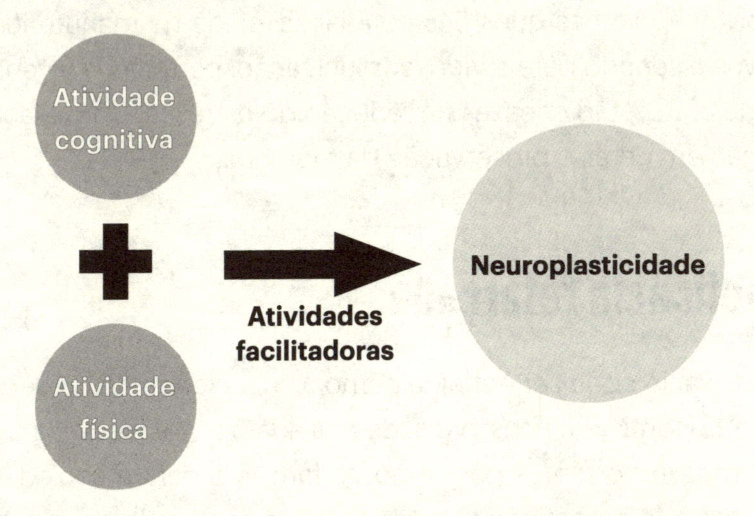

Fatores que facilitam a neuroplasticidade. Figura adaptada de Fissler et al. (2013), citado em Bamidis et al. (2014).

Para autores como Fissler et al.,[20] o exercício físico aumenta o potencial de formação de novos neurônios e sinapses, mas é por meio da estimulação cognitiva que se dá o devido aproveitamento e manutenção dos novos recursos neuronais. Assim, se adicionarmos à prática de exercício físico a prática de estimulação cognitiva, teremos melhorias mais significativas em nível cognitivo do que se focarmos apenas em uma dessas duas atividades.

20 Citado em Bamidis et al. (2014).

Um ser social

À medida que envelhecemos, permanecer socialmente ativos e manter contato regular com família e amigos é uma das melhores formas de conservarmos as nossas capacidades. Com efeito, algumas evidências sugerem que pessoas que se envolvem em mais atividades sociais são menos propensas a desenvolver demências e depressão. Por sua vez, o isolamento social tem sido associado a uma maior predisposição para a doença e mortalidade.[21] Não são resultados estranhos quando pensamos que pertencer a uma boa rede social possibilita: apoio nas questões cotidianas; ajuda na manutenção de objetivos e sentido para a vida; comunicação, partilha de vivências e troca de afetos, tão eficazes na redução do estresse; estimulação da cognição em geral; e preservação da memória.

Autoeficácia reforçada

A autoeficácia pode ser definida como a capacidade de preservar alguma autonomia em nossa vida, de nos adaptar aos desafios e sentir que somos importantes para a nossa família e para a sociedade. O sentimento de autoeficácia nos leva a nos sentirmos bem conosco e a acreditar que a nossa vida faz diferença. Essa atitude parece prevenir o declínio cognitivo, de acordo com vários estudos que registraram o estilo de vida de pessoas que permaneceram mentalmente "espertas" apesar da idade avançada. As razões parecem não ser totalmente claras, mas alguns especialistas acreditam que ela pode estar relacionada com uma menor vulnerabilidade ao estresse.[22]

---

21 Sherman (2017).

22 *Ibidem*.

Duas excelentes formas de reforçar o sentimento de autoeficácia são: o voluntariado em uma causa com a qual se identifique; e o apoio a familiares, seja participando na educação dos mais novos (como ir buscar o neto na escola ou levá-lo para brincar na praça), seja acompanhando os que estão mais sozinhos ou vulneráveis (como convidar um familiar que está isolado para passeios ou visitar regularmente alguém que está em um lar de idosos).

Calma, sem estresse

O estresse crônico é conhecido por prejudicar a saúde e o cérebro. Quando moderado e em períodos limitados, o estresse beneficia a atenção e a memória, mas o estresse crônico afeta o desempenho cognitivo, prejudica a memória e aumenta a probabilidade de comprometimento cognitivo no envelhecimento. Além disso, ele prejudica a proteção imunológica contra infecções e aumenta a inflamação, deixando-nos vulneráveis a doenças como aterosclerose, pressão alta e diabetes, que podem causar danos graves ao cérebro.

Aprender a evitar o estresse pode ser um caminho longo, mas gratificante, para melhorar a saúde. Apesar de a eliminação do estresse não ser realista, podemos e devemos dispor de estratégias para gerenciá-lo e mantê-lo em níveis reduzidos. Nesse sentido, algumas das recomendações que posso deixar aqui são: pratique exercício físico, desenvolva interações sociais positivas, medite, pratique atividades de relaxamento, não se concentre naquilo que não depende de você e no que não consegue controlar e invista seu tempo em atividades que aprecia e com pessoas com quem gosta de conversar.

Alimentação que faz bem

O cérebro é constituído por 60% de gordura, e as gorduras adequadas podem ajudar a nossa cognição e habilidades motoras. A dieta mediterrânea, que privilegia o consumo de vegetais, legumes, frutas e nozes, peixes e frutos do mar, em detrimento do consumo de carnes vermelhas e alimentos processados, é uma das que mais favorecem a saúde do cérebro e a vascular. O importante é comer as gorduras corretas e incluir antioxidantes, como frutas cítricas e vermelhas.

Se é importante que a alimentação nos nutra de maneira adequada, também o é não ceder aos excessos alimentares, que levam ao sobrepeso e à obesidade e são nefastos para a saúde. A obesidade, além de ser um fator de risco para a demência, aumenta os riscos para uma série de outras doenças que, por si sós, também são fatores de risco para a demência.

Embora possamos precisar de menos calorias à medida que envelhecemos, precisamos de muitos nutrientes essenciais. Por exemplo, a vitamina D é vital para manter a resistência óssea, e vários estudos sugerem sua importância também para a saúde do cérebro: baixos níveis sanguíneos de vitamina D parecem estar associados a um maior risco de demência. O corpo pode fabricar vitamina D a partir da exposição solar, mas esse processo diminui acentuadamente com a idade, motivo pelo qual devemos ingerir alimentos que sejam boas fontes dessa vitamina, como gema de ovo, laticínios, sardinha e fígado de galinha.

Outras sugestões que deixo em prol de uma alimentação mais saudável são: reduza o consumo de sal, que tem sido associado à hipertensão; substitua produtos açucarados como guloseimas ou bolachas por frutas, vegetais ou produtos integrais; aprenda a cozinhar refeições saudáveis; e beba muita água, nunca menos de oito copos de água por dia.

Lembre-se de que apesar de ser difícil mudar hábitos, nesse caso alimentares, vale a pena descobrir o quanto uma alimentação saudável pode ser agradável e também quais são os benefícios que ela proporciona ao corpo e à mente: assim, você verá que a mudança recompensa.

Sono reparador

Pesquisas mostram que bons hábitos de sono são fundamentais para a consolidação das memórias: se não dormimos bem, também não aprendemos. Além de prejudicar o funcionamento cognitivo, dormir mal leva ao aumento do estresse e eleva o risco de depressão.

Conforme envelhecemos, os distúrbios e o déficit de sono tornam-se mais frequentes. Pessoas com mais de 65 anos tendem a dormir menos profundamente, e mais da metade afirma ter problemas de sono. O sono interrompido e a sensação de cansaço durante o dia não devem ser aceitos e tolerados como partes normais do envelhecimento.

Promover a higiene do sono é uma forma segura de melhorar a função cerebral. O sono ideal, de sete a oito horas para a maioria de nós, melhora a resposta ao estresse, o equilíbrio hormonal, a resposta imunológica, a energia e o humor.

Para melhorar as suas noites, deixo aqui algumas propostas: exercite-se regularmente, mas não nas horas antes de dormir; não coma refeições pesadas e evite cafeína, nicotina e álcool ao final do dia; defina uma hora para se deitar e outra para acordar, e seja disciplinado no cumprimento desse horário; se não adormecer vinte minutos após ter se deitado, levante-se e ocupe-se com uma tarefa até se sentir cansado; mantenha a temperatura do quarto estável (não muito quente); evite atividades estimulantes antes de dormir, como ver televisão; acorde com o sol pela manhã para manter o relógio biológico sintonizado.

Em resumo, os fatores de proteção da função cognitiva no envelhecimento ajudam a preservar e a melhorar as habilidades cognitivas, e, logo, a prevenir a demência. Esses fatores se associam ao estilo de vida e, como tal, dependem de nós. Por isso, é extremamente relevante conhecer os fatos e tomar medidas para melhorar a saúde do cérebro.

6

Mitos associados à perda de eficiência do cérebro

A propósito do processo de envelhecimento e do declínio da eficiência do cérebro, vários mitos têm sido difundidos ao longo de décadas. São ideias desprovidas de sentido, como explicarei, e que em nada ajudam aqueles que desejam para si um envelhecimento saudável.

MITO 1: O envelhecimento conduz, inevitavelmente, à demência

A demência não é inevitável e não é parte normal do envelhecimento, embora seja uma condição que se torna mais provável com o avançar da idade. Ela pode ser causada pela doença de Alzheimer ou por outros distúrbios, como um acidente vascular cerebral. A maioria dos adultos não desenvolve demência no processo de envelhecimento.

O declínio em alguns domínios cognitivos está associado ao envelhecimento, e essas perdas acontecem mesmo no processo de envelhecimento normal – somente em alguns casos o declínio progride para a demência. Contudo, há evidências de que, na ausência de problemas de saúde, a cognição pode se manter estável até os 85 anos.[23]

A maioria das pessoas acredita, de maneira errônea, que todos aqueles que vivem além dos 65 anos terão os problemas de pensamento progressivo que caracterizam a doença de Alzheimer. Na verdade, apenas cerca de uma em cada oito pessoas nessa faixa etária tem demência.[24]

MITO 2: Aprender é para jovens

Com frequência ouvimos, mesmo de pessoas com menos de 60 anos: "Já não tenho idade para aprender". Se é verdade que à medida que envelhecemos a nossa capacidade de fixar novas memórias diminui, pois essa codificação inicial demora mais tempo, também é verdade que, se gastarmos tempo para a memorização dessas novas informações, o que requer concentração e persistência, será possível nos recordarmos delas tão bem quanto pessoas mais jovens.

Mesmo em idades avançadas, a capacidade de aprendizagem permanece intacta. Aliás, a saúde do cérebro é preservada quando colocamos essa capacidade à prova. Estudos mostraram que a aprendizagem pode ser uma forma eficaz de neutralizar os efeitos do funcionamento reduzido do cérebro: quanto mais os idosos se envolvem em aprendizagens (seja frequentando cursos e estudando um tema do seu interesse, seja dedicando-se a um passatempo que

23 Marques-Teixeira (2012).

24 American Psychological Association (2018).

requer que se aprenda algo), maior a probabilidade de adiar o início ou retardar a progressão de doenças neurodegenerativas.

Como se sabe, quanto mais deixamos de usar o cérebro, mais ele declina. Não se agarre a esse mito como desculpa para a inércia. Lembre-se: se aprender é para jovens, não espere que o seu cérebro funcione como o de um deles.

MITO 3: Todos os idosos têm falhas de memória

Algumas pessoas têm maior facilidade para lembrar detalhes do que outras, e isso acontece em qualquer idade. Também nos diferenciamos naquilo a que prestamos atenção, pois o foco das pessoas também é diferente. Por exemplo, em uma situação de convívio alguém pode memorizar conversas de que participa e as informações que lhe são reveladas, já outro pode se concentrar no ambiente, nas pessoas presentes, na decoração ou até nos carros que passam lá fora. Sendo a atenção um recurso limitado e uma capacidade imprescindível para a aprendizagem e memorização, diferenças de personalidade levam à formação de diferentes memórias.

Além disso, cada pessoa seleciona determinadas estratégias para se recordar de nomes, fatos etc. Por exemplo, o uso de agenda para registrar compromissos, de listas para fazer as compras ou de um alarme para tomar o remédio são técnicas mnemônicas úteis para muitas pessoas.

Como vimos, os idosos tendem a apresentar declínios graduais na memória, especialmente a episódica. Mas a idade específica em que tais perdas se manifestam, a intensidade com que se manifestam e o limiar em que as mnemônicas deixam de ser eficazes variam muito de pessoa para pessoa.

MITO 4: Atividades intelectuais não são para mim

É frequente encontrarmos pessoas com essa ideia. Os motivos são variados: por não terem desenvolvido algumas competências, como hábitos de leitura ou facilidade na capacidade de abstração, consideram-se excluídas de atividades que envolvem tais competências; ou, por pensarem que não têm tempo, creem que atividades que estimulam a cognição são um luxo a que não podem se dar; ou ainda porque desempenham uma profissão muito prática e aprenderam a considerar que tudo aquilo que não requer movimento não é trabalho nem é algo em que devam se envolver.

Mas sabe o que não é para nós? O que não queremos. Em qualquer idade é possível desenvolver competências e cultivar hábitos de leitura, ter tempo para aquilo de que gostamos e nos faz bem, e iniciar um trabalho de grande valor, como redescobrir o potencial do nosso cérebro. Atividades cognitivamente estimulantes são uma maneira importante e comprovada de influenciar positivamente a saúde do cérebro à medida que se envelhece. Assim, o que precisamos é de motivação, e não de motivos que só nos afastam do que nos favorece.

MITO 5: Não devemos "cansar a cabeça"

Este é um mito muito recorrente: o de acreditar que nossas capacidades são limitadas e que não devemos exigir muito da nossa "cabeça", sob pena de acabarmos esgotados. Se por um lado esse mito é verdadeiro, pois sabe-se que o estresse a longo prazo é prejudicial para o bom funcionamento cognitivo, por outro nos envolvermos em atividades cognitivamente estimulantes não precisa desencadear estresse, nem deve ser encarado como algo cansativo e extenuante, muito pelo contrário. Atividades intelectualmente desafiadoras devem fazer parte da nossa vida, pois, em primeira instância, promovem bem-estar. Confrontar-se com dificuldades que você tem a iniciativa e audácia de tentar resolver (o que implica e reforça a sua autoestima), pesquisar assuntos do seu interesse, envolver-se em um debate com amigos e familiares, aprender algo novo que sempre achou fascinante (como tocar piano, estudar psicologia e aprender a fazer massagem), desafiar-se com exercícios de treino cognitivo, ler livros que o emocionam ou divertem, mudar um percurso profissional que não lhe dá prazer ou que o aborrece e aprender a desempenhar uma nova atividade, enfim, são inúmeros os exemplos que encontro de atividades que fazem você se sentir bem e ainda ajudam o bom funcionamento cerebral. Não é de estranhar, pois, que aquilo que faz bem a você faz bem ao seu cérebro; afinal, vocês são um só!

Assim, é necessário que você encontre atividades que estimulem o seu cérebro e que lhe agradem. Não tenha receio de usar suas capacidades; elas não se esgotam, pelo contrário, são ainda mais ativadas quanto mais forem usadas, sem adicionarmos estresse a essa equação. Lembre-se de que aquilo que não se usa pode enferrujar. Não é isso que você quer para a sua vida; perdão, para o seu cérebro.

Nesse contexto, compartilho que quando lancei o livro *Um cérebro à prova de cansaço* [publicado em Portugal] muitas pessoas me questionaram sobre como, exaustas ao fim de um dia de trabalho, não se cansariam ainda mais com os exercícios. Os exercícios, tanto do meu primeiro livro como deste que tem em mãos, foram pensados para serem agradáveis, engraçados de resolver, e não para serem cansativos e entediantes. Se não conseguir encará-los dessa forma, então esta pode não ser uma estratégia de estímulo da cognição que funcione para você. Quanto a mim, se me dissessem que ler livros de física quântica seria muito bom para o meu cérebro, nem assim me veriam com um deles na mão. No entanto, lembre-se: atividades cognitivamente estimulantes devem provocar, de início, algum desconforto. Afinal, ainda não estamos sendo eficazes (e ninguém gosta de sentir que não é), e o nosso cérebro está explorando estratégias de resolução que não domina. O desconforto faz parte, tal como é desconfortável começar a fazer exercício físico e enfrentar as dores musculares. Por isso, se não conseguir realizar os exercícios que aqui apresento, repense suas atividades, mas não desista de si mesmo e do que lhe faz bem. Pense em outras atividades novas que o desafiem. Dizem que a vida começa fora da nossa zona de conforto, ao que acrescento: o melhor é aliarmos sempre as duas – o conforto daquilo que sabemos que nos faz bem com o desconforto de nos desafiarmos e de nos redescobrirmos a cada dia. Que as duas se reúnam na sua vida, e o seu cérebro seja sempre soberano na sua existência, ou, em outras palavras, aquele que "Faz a festa, deita os foguetes e corre atrás das canas" da sua vida.[25]

---

25 A expressão significa "alegrar-se sozinho com algo de que se é autor" (Neves, 2000). Refiro-me aqui ao fato de que é o seu cérebro que seleciona os hábitos que marcam o seu estilo de vida. Se essas opções forem saudáveis, o seu cérebro também colherá uma ampla gama de benefícios.

PARTE II

PLANO DE 8 SEMANAS

Dia 1

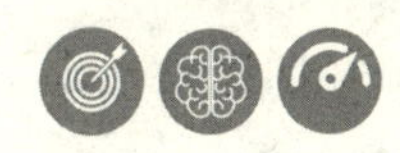

1 Nos provérbios portugueses apresentados, ocultei o mês. Tente descobri-los utilizando a seguinte regra: o número 3 corresponde ao mês de dezembro; 4 a novembro; 5 a outubro; 6 a setembro; e assim sucessivamente. Tente fazer esta tarefa em menos de quatro minutos.

a) ______________ (14) molhado não é bom para o **pão**, mas é bom para o gado.

b) ______________ (11) molhado, ano abastado.

c) ______________ (9) chuvoso, ano perigoso.

d) Em ______________ (13), chuva; em agosto, **uva**.

e) Não há maior amigo do que ______________ (8) com o seu **trigo**.

f) ______________ (6) é o ______________ (10) do outono.

g) Em ______________ (4) põe tudo a secar, pode o **sol** não tornar.

h) Em ______________ (12), tanto durmo como faço.

i) Em ______________ (7), toda **fruta** tem gosto.

j) Logo que ______________ (5) venha, prepara a **lenha**.

k) Em ______________ (3), treme de **frio** cada membro.

Repare que algumas palavras estão em destaque. Tente decorá-las em até um minuto, pois precisará delas mais tarde.

2 Acrescente apenas uma letra à palavra inicial e descubra a palavra misteriosa. Saiba que ela equivale a uma definição ou ao sinônimo indicado. Veja o exemplo na primeira linha.

Palavra inicial	Palavra incógnita	Definição/Sinônimo
aragem	garagem	oficina
recuso	______	preso
vaso	______	extenso
penso	______	custoso
modera	______	atual
siso	______	terremoto
traição	______	hábito
campanha	______	sineta
cura	______	arco
ralha	______	erro
prata	______	corsário
perto	______	angústia
sela	______	floresta
ciente	______	freguês
corar	______	lastimar
mala	______	tecido
espeto	______	astuto
cereja	______	bebida
marca	______	caminhada
metal	______	intelectual

3 As operações numéricas a seguir estão incompletas, pois faltam os números localizados no retângulo. A sua tarefa é colocar os números nos respectivos espaços, de maneira que os cálculos estejam corretos:

93	97	64	57	19	61

a) _______ + _______ = 118

b) 78 + _______ = _______

c) _______ + 29 = _______

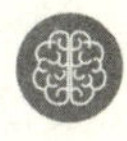

4 Entre as palavras a seguir, há uma intrusa, isto é, uma que não estava nos provérbios do primeiro exercício deste dia. Consegue identificar qual é?

fruta	neve	lenha	trigo
frio	uva	sol	pão

Dia 2

1 Imagine que está atravessando uma época da vida em que tem andado muito cansado! O que você mais quer é passar um fim de semana em um hotel, para relaxar, mas seu orçamento não permite tais aventuras. Eis que surge, bem "debaixo dos seus olhos", um anúncio para ganhar um fim de semana em um hotel cinco estrelas. Para ganhar o prêmio, você só precisa criar uma quadrinha ou frase(s) criativa(s) em que deve expressar sua motivação para vencer o desafio, precisando incluir obrigatoriamente as seguintes palavras:

relaxar	fim de semana	ganhar

Boa sorte!

____

____

____

2 Olhe com atenção para a seguinte figura. Quantos quadrados consegue identificar?

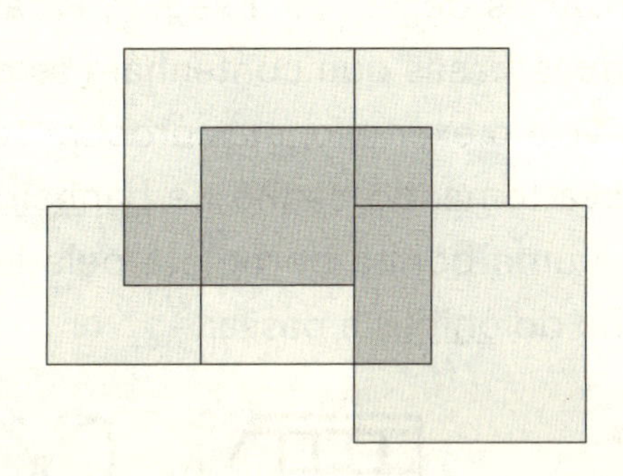

3 Analise a sequência seguir e complete os espaços com palavras que respeitem a mesma regra.

CARPETE – TEOREMA – MADURO – ROBALO –
– LOCUTOR – TORNADO – DOMÉSTICO –

– ______________ – ______________ –
– ______________ – ______________

4 Repare nas seguintes formas geométricas sobrepostas. O número indicado nas zonas de sobreposição é a soma do valor de cada forma. Descubra o valor de cada forma geométrica.

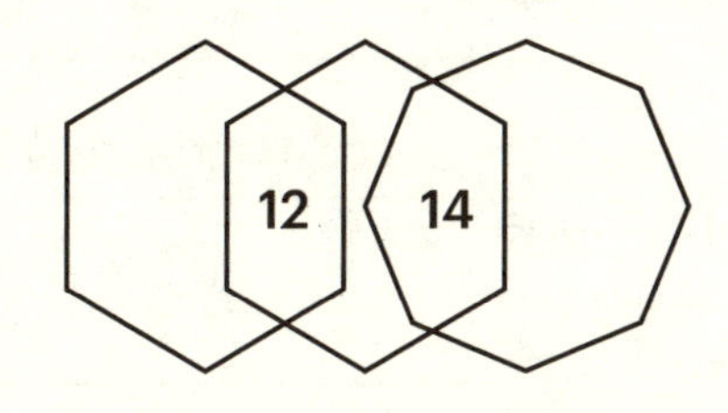

Hexágono ______________ Octógono ______________

Dia 3

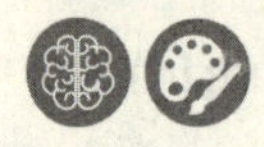

1 Tente memorizar os desenhos a seguir. Paralelamente, construa uma ou duas frases que contenham as palavras que eles representam. Veja o exemplo, mas procure ser criativo na sua resposta: Estava tomando banho de banheira, quando entraram moscas e uma bonita borboleta pela janela. Lá de fora vinha o barulho do ônibus a passar.

2 Neste exercício você deve descobrir palavras misteriosas seguindo as pistas. Elas podem ser sinônimos ou definições. Veja o primeiro exemplo e complete os quadros restantes.

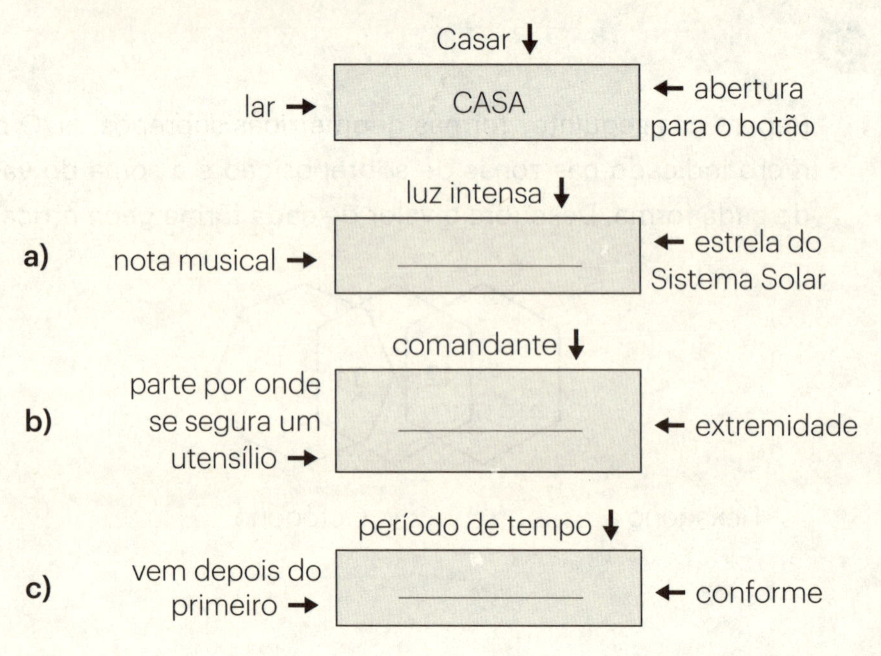

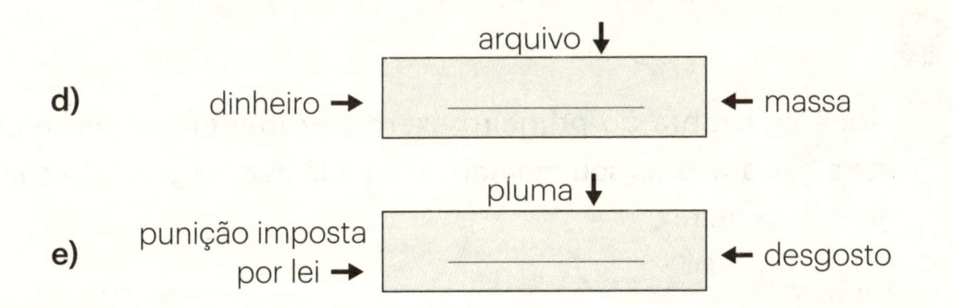

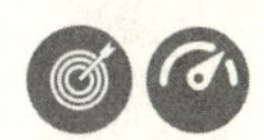

3 Agora você deve procurar as imagens abaixo no quadro. Você tem três minutos para concluir a tarefa.

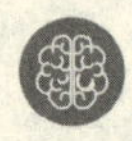

4 Você se lembra do primeiro exercício? Identifique entre as palavras que precisou memorizar aquela que faz parte do conjunto a seguir:

moscas	janela	borboleta	banho

1 As palavras a seguir são "partes" do nome de países. Quais são eles?

manha cana dânia

pão ira

cambo olívia divas

moça marro

2 Em uma segunda-feira, Paulo começou a poupar, diariamente, R$ 3,00 do dinheiro que recebe de mesada. No fim de semana ele não recebe nada, mas sempre gasta R$ 2,50 em cada dia.

a) Quanto tempo Paulo levou para poupar R$ 30,00? ____________

b) Para testá-lo, Rafael, seu irmão, disse que, se Paulo lhe desse suas economias dos dias úteis, ele lhe pagaria R$ 2,00 para cada um dos dias da semana. Paulo sairia ganhando ao aceitar a proposta do irmão? ____________

3 As figuras da esquerda correspondem às da direita depois de giradas. Faça as devidas ligações.

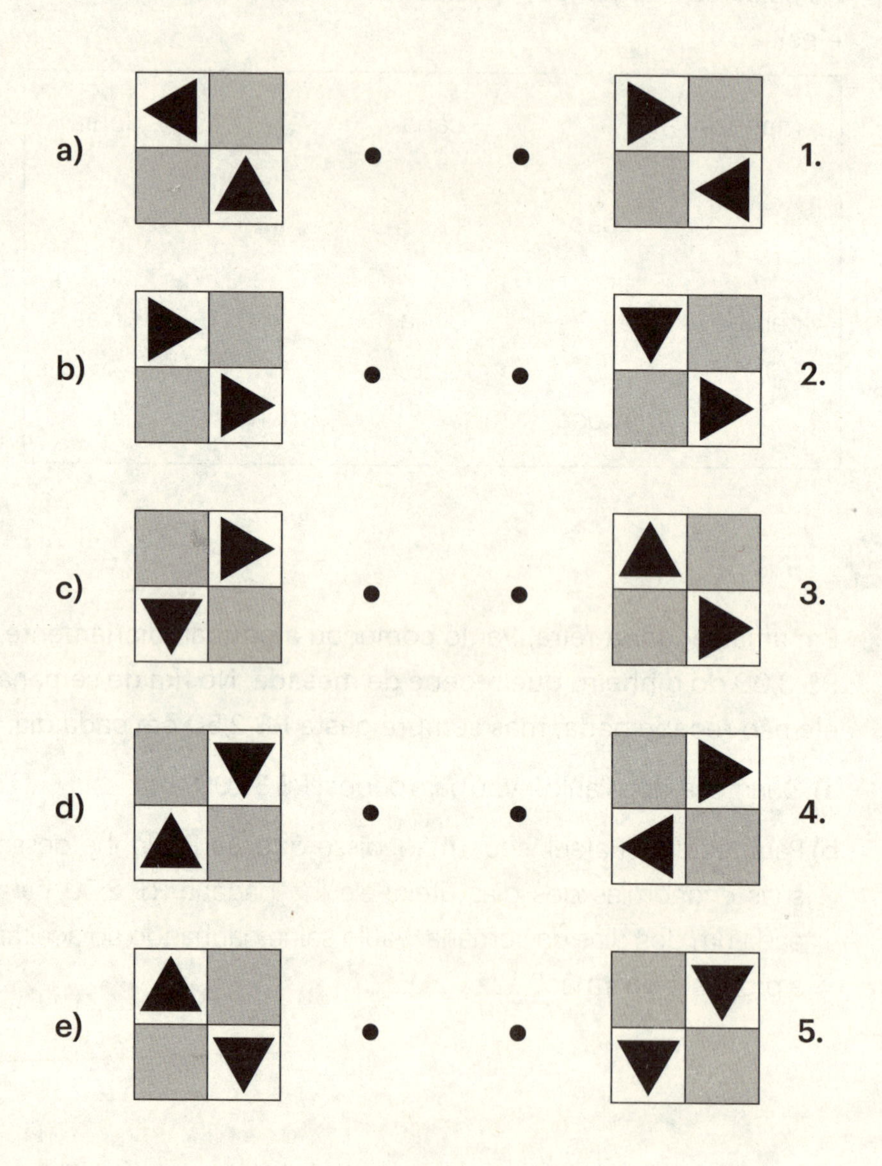

4 Usando as letras que se encontram no quadrado, forme palavras tendo em conta a seguinte regra: a letra seguinte da palavra não pode estar nem acima, nem abaixo, nem ao lado da anterior. Letras podem ser repetidas. Exemplo: capela. Tente formar pelo menos dez palavras em três minutos.

Dia 5

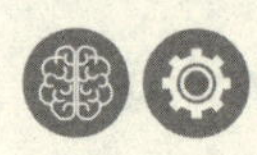

1 Tente memorizar o quadro a seguir. Paralelamente, identifique quais das seguintes porcentagens ou frações correspondem à área em preto:

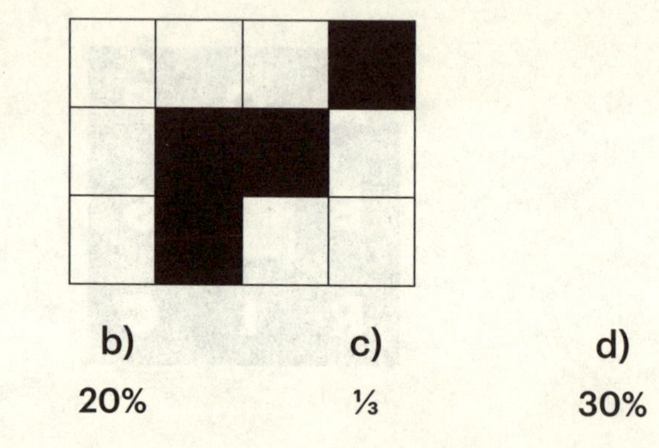

a)	b)	c)	d)
¼	20%	⅓	30%

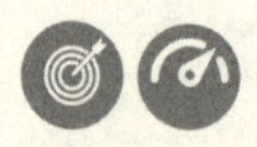

2 São tantas as vezes que associam o “A” com o “4” que os dois se chatearam e não querem mais andar juntos. A seguir, há vários conjuntos de seis elementos com número e letras. Você tem dois minutos para assinalar os quadros que contenham o “A” (ou “a”) e o “4”. Bom trabalho!

B7nU4e	La5A4o	aPc34v	1HeFA5	4TeAF2	Do62m4
☐	☐	☐	☐	☐	☐
Oa8j4S	**RAv04b**	**1hE79A**	**Ru3Sd4**	**3Sa5Mc**	**84dFEa**
☐	☐	☐	☐	☐	☐
21caD7	**Bo4aVN**	**F5dAs4**	**CaT49b**	**leB4N6**	**804cDa**
☐	☐	☐	☐	☐	☐

3ZaR4F	R7as5c	G43c9F	Ba9T4v	71hTA6	Vi014n
☐	☐	☐	☐	☐	☐
Blv4So	xAu61p	AvRT54	gUni4v	4frT5A	Bn24ap
☐	☐	☐	☐	☐	☐
4Ui3An	Sn47Pa	ulRah9	4bHa12	GA8b4e	cX90ba
☐	☐	☐	☐	☐	☐
L3ud64	fGtAv4	TaR87o	C1Ar84	Ib4S2v	Jt4ePa
☐	☐	☐	☐	☐	☐

3 Dona Anita tem algumas camisetas para oferecer ao grupo de escoteiros. Umas são grandes, outras pequenas. Ao perguntar aos jovens o que preferiam, ela obteve as seguintes respostas:

Selma	Não gosto de vestir nada que não seja pequeno.
Ângela	Para mim uma camiseta não pode deixar de ser grande.
Humberto	Não sei se tem muitas pequenas, mas saiba que prefiro as que não o são.
Janete	Eu não ligo, mas, se puder escolher, as menos reduzidas vou querer.
Dora	Escolho o tamanho que a maioria recusar.
Rubens	Prefiro uma daquelas que não são pequenas.

Tendo em conta as respostas, complete a frase:

Assim, dona Anita deu as camisetas grandes a estes jovens: ____________________; e as pequenas a estes: ____________________.

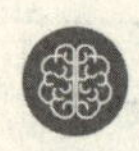

4 Lembra-se do quadro que pedi para que memorizasse? Acredito que sim! Pinte, a seguir, os quadrados que estavam preenchidos de preto.

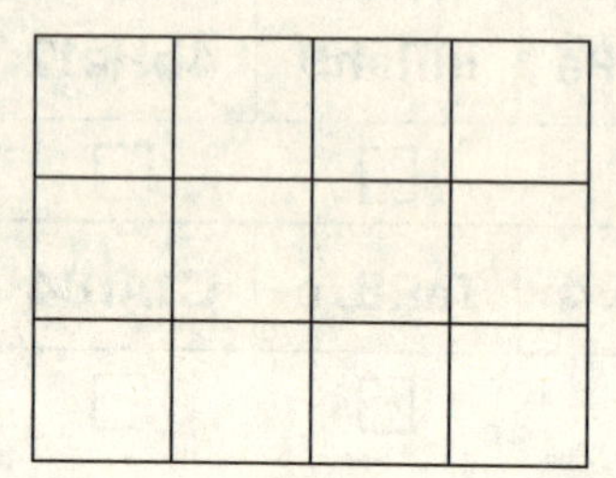

Dia 6

1 Aqui temos algumas expressões populares! No quadro, você encontrará parte dessas expressões; nos desenhos, as pistas para completá-las; e, embaixo, há o significado de cada uma delas. Complete, assim, as expressões e faça-as corresponder ao seu significado. Veja o exemplo da primeira linha.

		Significado
a)	Dar o braço a torcer.	4
b)	Pulga atrás da ______.	___
c)	De tirar o ______.	___
d)	Pagar na mesma ______.	___
e)	Passar o ______ fino.	___
f)	O ______ nasce para todos.	___
g)	Enfiar o ______ na jaca.	___

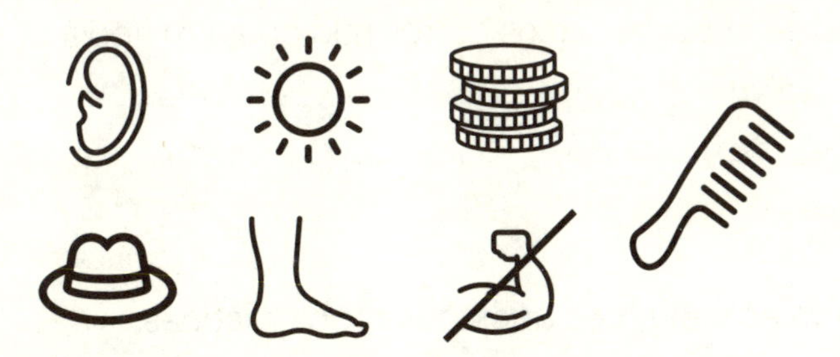

Desconfiança.	1	Retribuir da mesma forma.	5
Fazer uma inspeção minuciosa.	2	Exagerar.	6
Digno de admiração.	3	Incentivo para alcançar o sucesso.	7
Dar razão a outro.	4		

2 **Há muitas maneiras de expressarmos uma mesma ideia! É esse o desafio do exercício de agora!**

Você vai precisar reescrever algumas frases com suas próprias palavras utilizando o mínimo possível das palavras das frases de origem, exceto pelos artigos definidos e indefinidos (o, a, os, as, um, uns, uma, umas), assim como as preposições (de, até, com, sobre, por, para, entre, sem etc.). É indispensável que você se mantenha fiel às ideias expressas.

Exemplo: Amanhã é o último dia que tenho para apresentar o relatório e ainda me faltam alguns dados.

No dia que sucede ao de hoje devo apresentar o trabalho, embora ainda precise de algumas informações para completá-lo.

a) O menino detesta a hora do banho, por mais bem-disposto que esteja e tentemos ao máximo que seja um momento divertido.

______

______

b) Ela decidiu que quer superar aquele impasse em sua vida e já não se importa que os outros não queiram apoiá-la.

______

______

3 Resolva as seguintes questões problemáticas:

a) Na festa de aniversário de Paulo serão distribuídos saquinhos-surpresa para as crianças convidadas. Serão convidadas 18 crianças e o objetivo é oferecer 12 doces a cada uma. Quantos doces deverão ser comprados? Sabendo que são vendidos em embalagens com 32, quantas embalagens serão necessárias?

______

b) Em sua festinha, Paulo resolveu 10 quebra-cabeças com os amigos. Entretanto, um deles desfez 2 e não quis continuar na brincadeira. Juntou-se a outro amigo e montaram mais 3 quebra-cabeças, e depois a outro amigo e terminaram mais 4. Então, Paulo pôs os quebra-cabeças sobre a mesa, menos 3 porque não tinha espaço suficiente. Quantos quebra-cabeças ficaram sobre a mesa? ______________

c) Rute perguntou a Paulo quantos anos ele estava fazendo. Ele respondeu que tem ⅓ a mais da idade que tinha quando completou 6 anos. Quantos anos de vida Paulo está celebrando?

____

4 Veja estas peças de dominó. Tente apreender a sequência e escolha a opção que se deve seguir a ela:

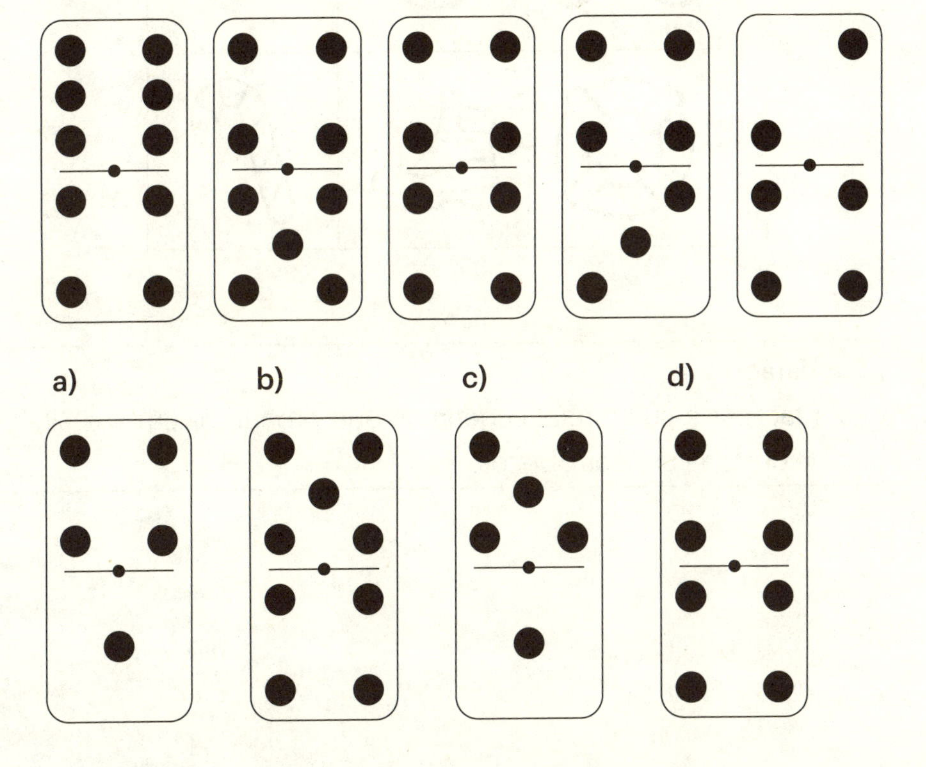

Dia 7

1 Observe com atenção o seguinte conjunto de objetos. Consegue identificar aquele que se diferencia dos restantes? Por quê? Paralelamente, memorize-os, pois vai precisar deles mais tarde!

Sugestão:

Para facilitar a sua tarefa, sugerimos que pronuncie em voz alta o nome de cada um dos objetos.

2 Em cada linha há uma sequência com uma figura que não corresponde a ela. Descubra a lógica de cada uma delas e identifique o intruso.

	1.	2.	3.	4.	5.	6.	7.	8.	9.
a)									
b)									
c)									
d)									
e)									

3 Em cada um destes conjuntos de expressões falta a mesma palavra. Identifique-a!

a)

Com o ______________ na mão.

Com o ______________ na boca.

Fazer das tripas ______________.

b)

Muito senhor do próprio ____________.

Torcer o ____________.

Não ver um palmo à frente do ____________.

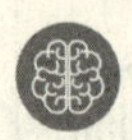

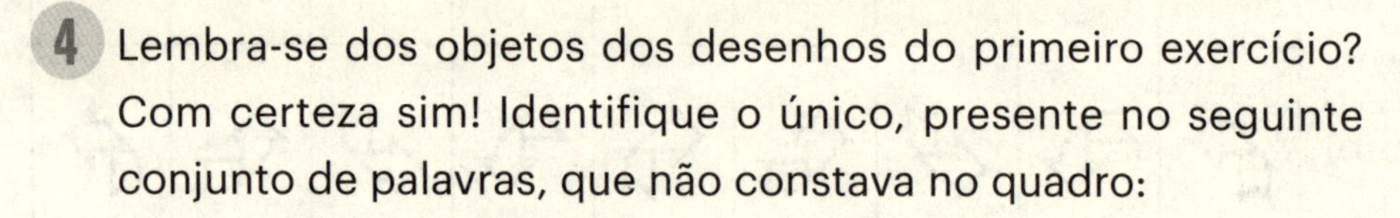

4 Lembra-se dos objetos dos desenhos do primeiro exercício? Com certeza sim! Identifique o único, presente no seguinte conjunto de palavras, que não constava no quadro:

botão	bengala	balão
balança	bicicleta	bota

1 Vitória e Vicente, em uma conversa, perguntaram um ao outro que dia faziam aniversário. Vitória foi a primeira a responder:

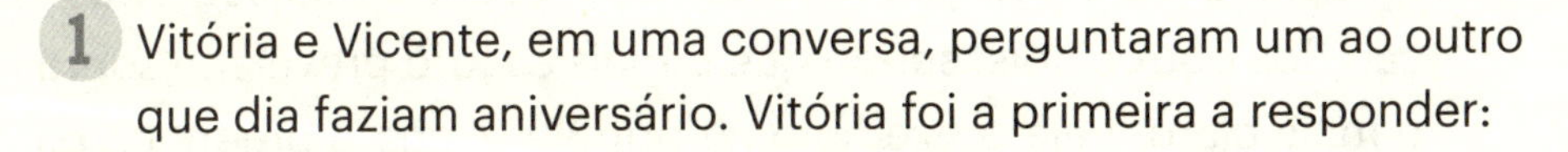

— O dia do meu aniversário corresponde a um número que é $1/6$ do número do meu mês de aniversário. Os dois números são pares.

Ao que Vicente respondeu:

— Já sei! O meu mês de aniversário tem o mesmo número que o dia do seu, e o meu dia é quatro vezes superior ao número do mês. E encerro por aqui.

Qual é a data de aniversário de cada um dos amigos? ___________

____

2 Você consegue inventar um desafio para descobrir a data do seu aniversário? Mas é claro que sim. Vou dar o exemplo do meu, e você precisará descobrir a data do meu aniversário e inventar um desafio para a data do seu. Assim, quando lhe perguntarem, já terá uma resposta pronta que fará todo mundo pensar!

Exemplo: O dia do meu aniversário é composto de dois algarismos iguais. Já o mês é um número par que corresponde ao triplo desse algarismo! Consegue adivinhar?

____

____

3 Observe com atenção os quadrados a seguir. Em cada linha, o da coluna mais à direita representa o resultado da sobreposição dos outros dois, sendo que o mais escuro prevalece sobre o mais claro. Veja o exemplo na primeira linha e preencha os outros dois quadrados das linhas seguintes.

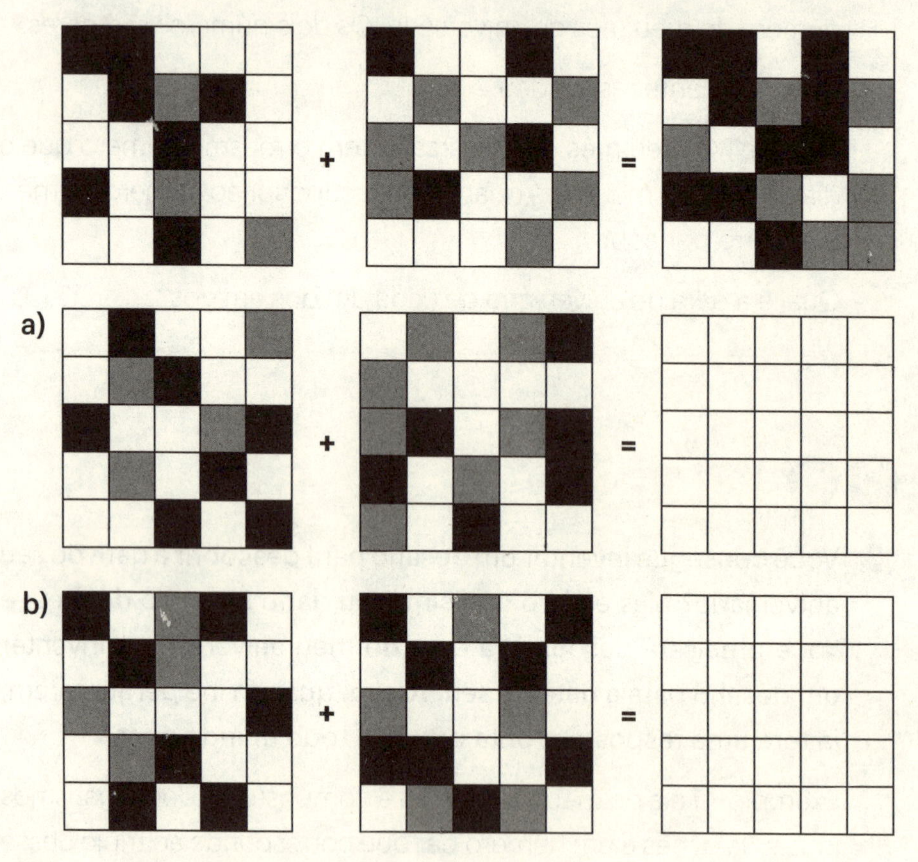

4 Qual palavra não se encaixa neste conjunto?

consolo	analogia	fotógrafo	volumoso
bolorento	aeroporto	cotovelo	alvoroço

Dia 2

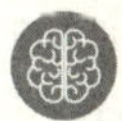 

1 Florbela foi almoçar no restaurante de sempre e reparou no cardápio da próxima semana:

Segunda- -feira	Terça- -feira	Quarta- -feira	Quinta- -feira	Sexta- -feira	Sábado
Lombinho de peixe com frutos do mar ou Sardinha frita	Espaguete à bolonhesa ou Filé de peixe com arroz	Carne de porco com miúdos ou Bacalhau ao molho branco	Lombo assado ou Salada russa	Feijoada ou Pataniscas de bacalhau	Frango assado ou Macarrão com peixe

Repare também nesse cardápio e tente decorá-lo. Você tem dois minutos. Agora, pegue uma folha de papel e o cubra. Responda às questões:

a) Florbela adora bacalhau ao molho branco, feijoada e carne de porco com miúdos. Em que dias irá ao restaurante se quiser comer esses pratos? ____________________

b) No cardápio são os pratos de carne ou os de peixe que aparecem primeiro? ____________________

c) Uma amiga de Florbela combinou de ir almoçar com ela em um desses dias. Ela não come nenhum tipo de carne nem bacalhau. Em quais dias a amiga poderia ir almoçar com a Florbela?

____

d) Encontrou algum prato de que gosta no cardápio apresentado? Recorda-se do(s) dia(s) da semana em que poderá comê-los nesse restaurante? ____________________

2 Nesta sopa de figuras você encontrará várias vezes a sequência ■⬟▲●, tanto na horizontal quanto na vertical. Incluindo a sequência que serve de exemplo, quantas vezes ela se repete?

3 Descubra quais animais podem ser obtidos ao substituir apenas uma letra da palavra inicial. Veja o exemplo:

Palavra inicial	Animal
avara	arara
apanha	__________
barro	__________
joelho	__________
corro	__________

esquivo	__________
manso	__________
febre	__________
montra	__________
mossa	__________
pardas	__________
ramosa	__________
mazela	__________
balcão	__________
pastor	__________
volvo	__________
Viena	__________

4 Resolva o seguinte problema de matemática preferencialmente fazendo os cálculos de cabeça:

O sr. Carneiro comprou alguns vasos e plantas. Junto à entrada colocou 4 vasos: 2 de cada lado. No pátio colocou 6 vasos: 2 logo à frente e 2 de cada um dos lados. Em cada uma das 3 varandas, colocou 4 vasos. Nas dos fundos colocou 2 vasos junto à porta, mais 3 à frente e ainda mais 3 no canto à esquerda. Se cada planta custou R$ 4,00, cada um dos vasos maiores que colocou na entrada custou R$ 8,00, e os vasos restantes R$ 4,00 cada, quanto ele gastou?

____

Dia 3

1 **Entre nomes e cidades, tenho mais enigmas para você. Descubra as respostas!**

a) Carla, Amélia, Paula e Bárbara são quatro amigas portuguesas que vão viajar no verão. Cada uma vai para um país diferente da América do Sul, nomeadamente: Argentina, Brasil, Peru e Colômbia. Qual delas viajou para o Brasil? Tenha em mente que:

i. Nenhuma delas foi para um país que começa pela primeira letra do seu nome;

ii. A Bárbara não foi para a Argentina e a Paula não foi para a Colômbia;

iii. Um desses dois países foi a opção da Carla.

____

b) Para trocarem ideias sobre os planos de viagem, elas marcaram um jantar. Conversaram no dia 1º de junho, uma quinta-feira, e combinaram esse encontro para um dia desse mês. Descubra em que dia marcaram, atendendo ao seguinte:

i. A Carla só tem disponibilidade às sextas-feiras;

ii. A Amélia só pode depois do dia 10 de junho;

iii. Para a Paula precisa ser antes do dia 24;

iv. Entre o dia 12 e 19 é impossível para a Bárbara.

____

c) Nesse jantar, sentaram-se numa mesa retangular duas amigas em frente às outras duas. Quem ficou ao lado da Paula se a Amélia não está no lado oposto ao da Carla?

____

2

a) A figura está para como está para:

i. 

ii. 

iii. 

iv. 

b) A figura está para como está para:

i.

ii.

iii.

iv. 

3 Com todas as cinco letras de cada um dos conjuntos que apresento a seguir, forme, pelo menos, quatro palavras:

a)

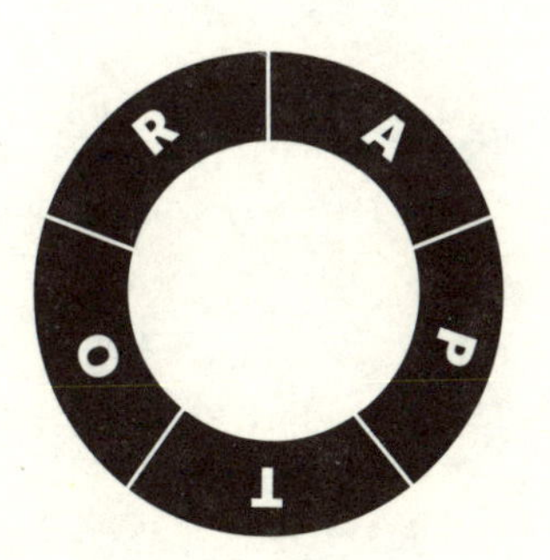

______ ______

______ ______

______ ______

b)

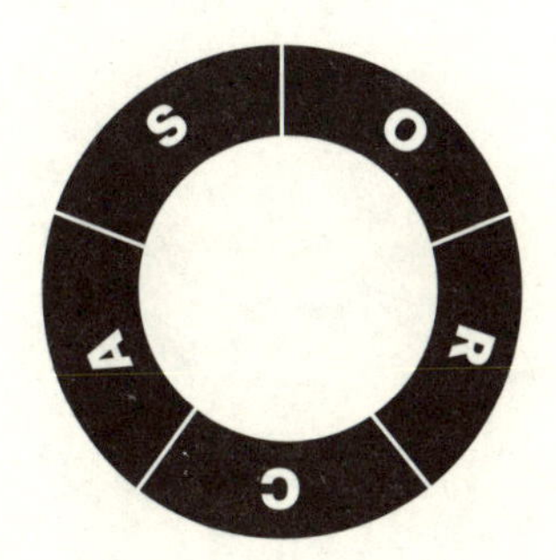

______ ______

______ ______

______ ______

4 Descubra os números que completam as sequências e preencha os quadrados assinalados:

a)	11	10	8	5	___
b)	12	15	17	___	22
c)	13	26	___	52	65
d)	14	___	22	26	30
e)	___	51	16	61	17

Dia 4

1 Neste exercício você precisará descobrir os animais que devem estar na coluna da direita, sendo necessário acrescentar uma, duas ou até três letras à palavra da esquerda para encontrar esse animal.

Palavra inicial	Animal
água	águia
aguar	________
calote	________
lagar	________
areia	________
galha	________
tambor	________
ouro	________
vedo	________
avião	________
bala	________
pardo	________
maca	________
conda	________
ruja	________

Conseguiu descobrir os animais escondidos na tabela da página anterior? Espero que sim. Agora, você tem mais um minuto para memorizar as palavras da coluna da esquerda.

2 **Há muitas formas de expressar uma mesma ideia! É esse o desafio deste exercício!**

A seguir você precisará reescrever algumas frases usando o mínimo de palavras possíveis das frases originais, exceto pelos artigos definidos e indefinidos (o, a, os, as, um, uns, uma, umas), assim como preposições (de, até, com, sobre, por, para, entre, sem etc.). É indispensável que você se mantenha fiel às ideias expressas:

a) Não quero que me interpretem mal, mas não concordo com o que a nossa colega disse na reunião para tratar da marcação das férias.

____

____

b) O pai disse que se recusa a receber presentes, preferindo que gastem o dinheiro em causas mais nobres.

____

____

c) Andava de forma apressada, com os olhos no chão, indiferente ao que o rodeava e à voz que atrás de si proferia o seu nome.

____

____

3 Observe com atenção o seguinte conjunto de objetos e conclua qual não faz parte do grupo:

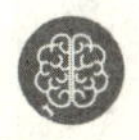

4 Das palavras que se seguem, metade estava no primeiro exercício deste dia. Identifique-as.

gira	carra	vedo
galha	bala	careiro
casca	ouro	pala
maca	rolo	tambor

Dia 5

1 Neste exercício você precisará imaginar as despesas relacionadas a uma festa e deverá calcular o valor exato de cada uma dessas despesas, assim como o dinheiro em numerário necessário se quiser pagar com a menor quantidade de notas ou moedas possível. Veja o exemplo.

			Preço	Numerário
	1 apresentação de banda de música durante 1h30, que cobra R$ 150,00 por hora		R$ 225	Uma nota de R$ 200, uma nota de R$ 20 e uma nota de R$ 5.
a)	4 metros de tecido a R$ 9,00 o metro		___	___ ___
b)	9 lembrancinhas a R$ 2,50 a unidade		___	___ ___
c)	1 bolo de 3,5 kg, em que o quilo custa R$ 14,00		___	___ ___
d)	12 convites que custam R$ 1,80 a unidade		___	___ ___

e)	20 fotografias, sendo que o valor unitário é de R$ 1,90		____	____________ ____________
f)	2 ramos, cada um com 10 flores, sendo que o preço de cada uma das flores é de R$ 2		____	____________ ____________

2 Agora você deverá fazer uma tarefa ainda mais exigente, mas sei que conseguirá dar uma resposta: imagine que recebeu de presente a quantia de R$ 220,00, pagou as despesas mencionadas e ainda ficou com R$ 300,00. Quanto dinheiro você tinha inicialmente? ______________________________

3 Tente adivinhar as palavras que se seguem, sendo uma palavra parte da que você deve encontrar, assim como uma dica daquilo a que se refere a nova palavra.
Exemplo: Tem *arco*, mas não é uma curva. A letra que tem a mais no início faz com que o encontremos na água. Resposta: *barco*.

a) Temos um *acórdão*, mas, se acrescentarmos uma letra e suprimirmos o acento, você terá música. ______________

b) A *rim* se duas letras juntar, já estarei a versificar. ______________

c) Qual é o animal em que podemos encontrar o *tango*? __________

d) Tem *gemas*, mas não dá para fazer um bolo. As duas letras que aqui se acrescentam são o bastante para nos aprisionar. ______________

e) Se ao *envolvimento* acrescentarmos três letras, teremos algo em crescimento. O que procuramos? ____________

f) Se a *camelo* juntarmos uma sílaba, ficaremos com algo docinho. O que é? ____________

g) Estaremos diante de um crime se à palavra *salto* juntarmos duas letras. Já sabe do que estamos falando? ____________

4 Em cada linha há uma figura intrusa. Desvende a lógica em cada uma delas e descobrirá o intrometido.

	1.	2.	3.	4.	5.	6.	7.	8.	9.
a)									
b)									
c)									
d)									
e)									
f)									
g)									

Dia 6

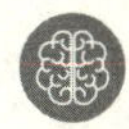

1 Lembre-se de pelo menos cinco datas importantes para você.

Datas	Por que esta data é importante para você

Sugestão:
Pode começar pelo seu aniversário. Outras datas poderão ser aquelas em que celebrou algo que foi importante para você ou para alguém próximo.

2 Complete com o mês apropriado recorrendo ao quadro a seguir se tiver dificuldades.
Que mês eu sou?

a) Os dois meses que me antecedem e os dois meses posteriores a mim têm igual número de letras: ____________

b) Termino como fevereiro e inicio como junho: ____________

c) Se somar o número de letras de maio e julho, terá o meu número de letras: ____________

d) Contenho uma palavra que lembra paladar: ____________

e) Quando metade do ano passou, entra a minha vez: ____________

f) Quando começo, faltam dois pares de meses para iniciar o último trimestre do ano: ____________

julho	janeiro	fevereiro
agosto	maio	junho

3 **Neste exercício você deverá descobrir as palavras misteriosas seguindo as pistas abaixo, as quais são tanto sinônimos quanto definições.**

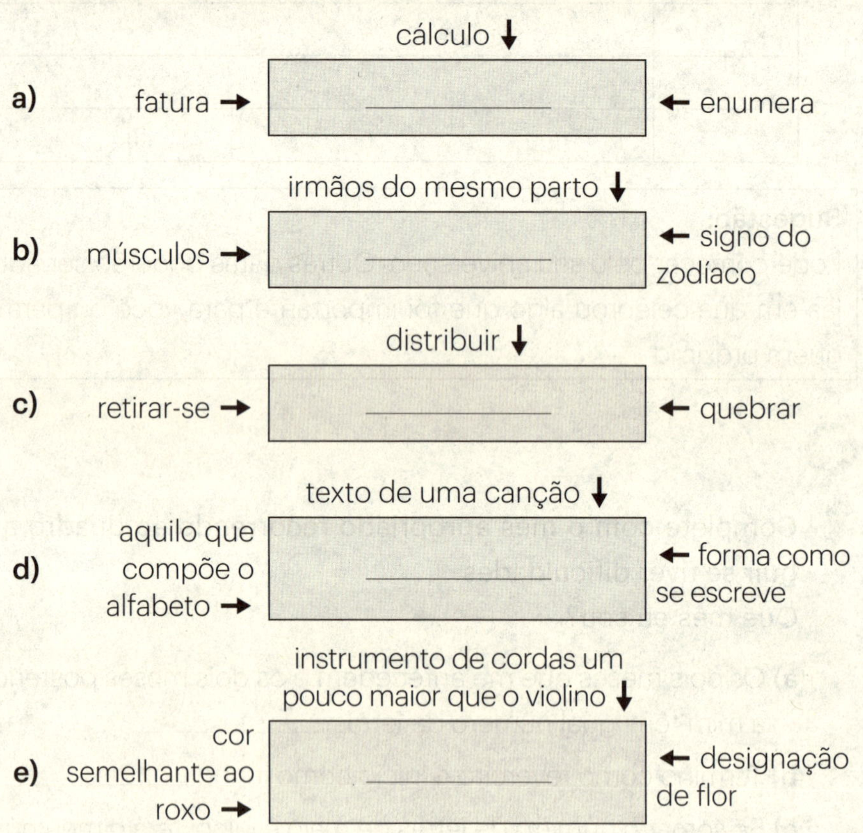

Para recordar:
Chama-se polissemia e designam-se palavras polissêmicas quando uma mesma palavra tem mais de um significado.

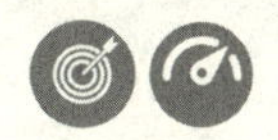

4 Observe atentamente o seguinte desenho:

Entre os desenhos apresentados a seguir, identifique o único que é exatamente igual ao desenho anterior. Tente completar a tarefa em menos de dois minutos.

Dia 7

1 Resolva os seguintes problemas:

a) O pai de Paulo comprou uma televisão que custou R$ 400,00, pagou metade do valor à vista e dividiu o restante em cinco prestações mensais. Qual foi o valor de cada prestação?

____

b) Os pais de Paulo vão colocar lajotas novas no piso do banheiro. O piso custa R$ 32/m². Sabendo que o cômodo tem 4 m de comprimento e 2,5 m de largura, quanto eles vão gastar?

____

2 Descubra as palavras da coluna do meio sabendo que começam da mesma forma que a palavra anterior e acabam da mesma forma que a palavra seguinte. Veja o exemplo na primeira linha:

música	músculo	século
recinto	__________	incipiente
monitor	__________	hierarquia
castanho	__________	chocalho
arquétipo	__________	nocivo
origem	__________	mundo
lâmpada	__________	página
engenho	__________	tosquia
maduro	__________	cidreira

masculino	___________	decote
abanão	___________	judia
feitoria	___________	justiceiro
antena	___________	umbigo
vendaval	___________	peludo
provável	___________	inibido
sumarento	___________	pacata
choupana	___________	fronteiriço

Semana 2

3 Que mês eu sou?

a) Estou entre dois meses que começam com a mesma letra: ___________

b) Só tenho duas letras diferentes das do último mês do ano: ___________

c) Venho depois de agosto e antes de dezembro, e desses meses não sou vizinho: ___________

d) Não sou nenhum destes meses: fevereiro, agosto, novembro e dezembro. Não venho em seguida de nenhum destes meses: dezembro, maio, abril e setembro. Não venho antes de nenhum destes meses: maio, agosto e outubro. ___________

e) Sou o mês capicua: ___________

f) Se você trocar uma das minhas vogais, passarei a começar pelo número que é a minha posição no calendário: ___________

abril	setembro	novembro
outubro	março	dezembro

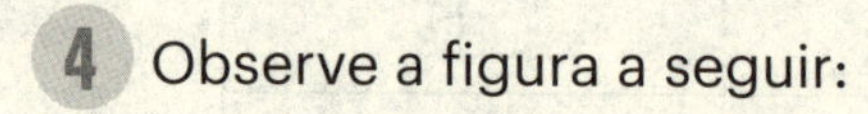

4 Observe a figura a seguir:

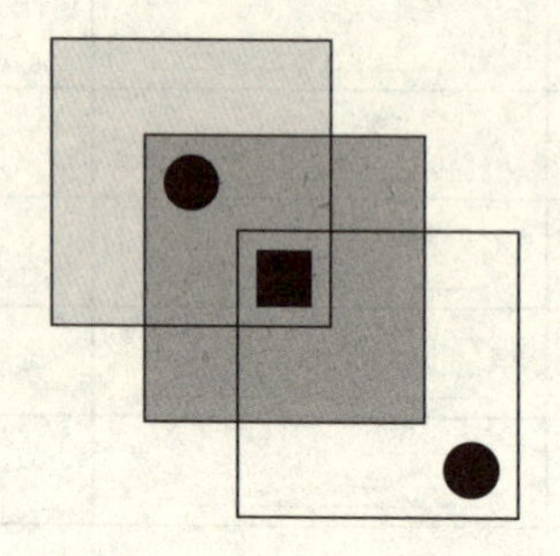

Quantos quadrados você identifica nela?

____

Qual das figuras a seguir é igual a ela?

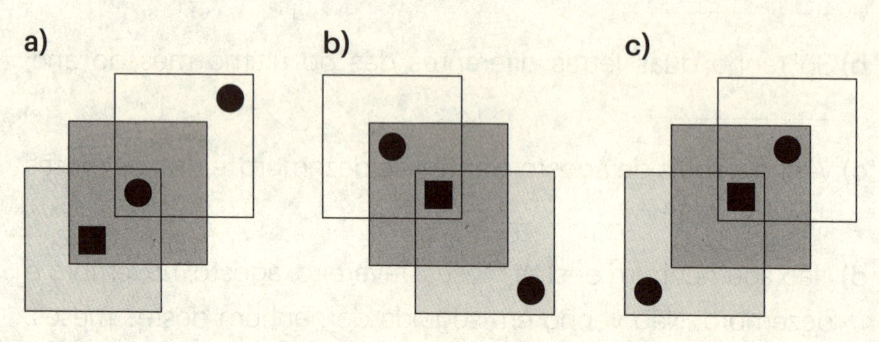

Dia 1

1 Aqui você encontrará algumas expressões populares com animais! No quadro está o início dessas expressões; nos desenhos, as pistas para completá-las; e, embaixo, o seu significado. Complete o quadro e não se esqueça de preencher também o significado de cada expressão. Paralelamente, memorize os animais dos desenhos. Já sabe, eles serão úteis mais tarde:

		Significado
a)	Engolir ____________.	___
b)	Quem não tem cão caça com ____________.	___
c)	Dizer ____________ e ____________.	___
d)	Abraço de ____________.	___
e)	Pôr o carro na frente dos ____________.	___
f)	Tirar as teias de ____________.	___
g)	Dormir com as ____________.	___
h)	Cair como um ____________.	___
i)	Caiu na rede é ____________.	___

Semana 3

Improviso.	1	Pôr para uso.	6
Cuidado com o que fala.	2	Precipitar-se.	7
Deixar-se enganar.	3	Suportar situações incômodas.	8
Falar muito mal.	4	Ir para a cama cedo.	9
Traição.	5		

2 **As afirmações a seguir contêm um erro. Descubra qual é!**

a) Nessa semana, Odete foi ao salão escurecer seus longos cabelos castanhos. Fazia mais de uma semana que ela havia marcado horário, pois assim poderia aproveitar o dia de folga para cuidar do visual. Ela estava com alguns cabelos brancos e queria cobri-los. O resultado foi excelente e todos elogiaram o novo visual. O filho também gostou muito do resultado, pois, na sua opinião, ela fica bonita loira. No aniversário da mãe, já sabe que presente dar ela: uma ida ao salão de sua preferência.

b) Uma conhecida psicóloga tem desenvolvido um trabalho notável na promoção da literacia em saúde mental. Na opinião dela, muito se investe em saúde física, o que é louvável, mas acabam se esquecendo da saúde mental. Para alertar sobre a importância da saúde mental na qualidade de vida e também sobre quais são os efeitos nefastos de quando esse aspecto é negligenciado, ela publicou recentemente um artigo, com o título sugestivo: "Tão importante quanto a sua saúde mental é a sua saúde física. Cuide dela!". Foi um artigo muito divulgado e que ajudou muitas pessoas a pensarem de outra forma em termos da saúde mental, despertando para a necessidade de tratarem dela da mesma maneira com que tratam da saúde física.

c) Habitualmente, Luís se levanta cedo para se arrumar para o trabalho. Ele mora a 300 metros da empresa e faz o breve percurso a pé. Havia algum tempo que estava se deparando com uma situação que o incomodava bastante. Acontece que a rua que o levava ao trabalho estava em obras. A confusão, o pó que o fazia espirrar e o odor ensurdecedor das máquinas, quando estava se aproximando do emprego, eram perturbações que o deixavam com dores de cabeça o dia inteiro.

3 **Paulo estava juntando dinheiro e a certa altura contou à mãe a quantia que já tinha acumulado. Ela lhe disse:**

— Vou dar a você 50% de $1/5$ do dinheiro que tem agora. E, se conseguir me dizer qual é esse valor, dou a você mais $1/6$ do montante que tem agora.

Paulo, como sempre gostou de fazer conta, pensou um pouco e respondeu à mãe:

— Eu sei a resposta para as duas questões. Mãe, a senhora vai ter mesmo que me dar esses R$ 16,00.

Quanto dinheiro Paulo tinha? ______________

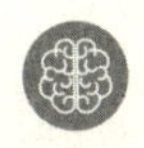

4 **Qual é o animal intruso, isto é, o que não constava no primeiro exercício? Se, além de responder a esta primeira questão, conseguir identificar o animal que falta, você está de parabéns!**

Dia 2

1 Desenhe a figura simétrica, exatamente como se apresenta nos quadrados à sua esquerda e inferiores. Veja o exemplo:

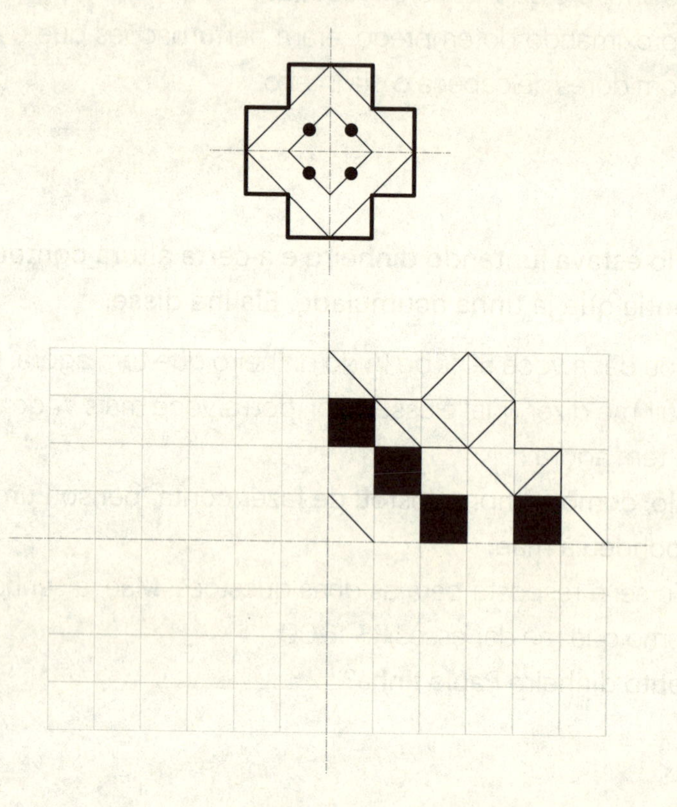

2 Repare na seguinte sequência de palavras, descubra o padrão e identifique a palavra que vem a seguir:

graça	preto	clima	ídolo

a)	b)	c)	d)
grito	selos	ácaro	touca

3 Nomes podem ser verdadeiros enigmas! Para comprovar isso, temos as questões a seguir. Descubra a resposta:

a) Célia tem uma irmã cujo nome é um anagrama do seu. Qual será o nome da irmã da Célia? ______________

b) As três irmãs de Carla têm nomes que incluem as letras do seu nome, podendo conter mais letras. Como será que elas se chamam? ______________

c) São duas irmãs. O nome da irmã mais velha tem as mesmas letras e a mesma ordem do nome da mais nova, só que possui uma letra a mais, o que o torna distinto. Qual será o nome delas?

____

4 Resolva as seguintes questões enigmáticas sobre Célia e sua irmã:

a) Elas não gostam de se vestir de forma igual, mas têm roupas iguais. Para uns dias de férias, cada uma levou na sua mala as seguintes peças: um short jeans, uma calça vermelha, uma blusa branca, uma camiseta azul e uma vermelha. Vestindo uma roupa diferente a cada dia, durante quantos dias elas conseguirão se vestir de forma diferente uma da outra sem precisar repetir uma única peça? ______________

b) Célia mede 120 cm e a sua irmã tem mais $1/6$ da sua altura. Quanto mede a irmã da Célia? ______________

c) A soma da idade das duas é de 20 anos, sendo que Célia é quatro anos mais nova. Qual é a idade da irmã da Célia?

____

Semana 3

Dia 3

1 Tente adivinhar quais são as palavras a seguir sabendo que um trecho de cada uma delas faz parte da que você deve descobrir, assim como também é a dica daquilo a que se refere a nova palavra.

a) São duas palavras iguais, exceto pela última letra. A palavra que termina com a letra "a" identifica um metal, e a que termina com a letra "o" denomina um objeto útil para comer. ________________

b) São três palavras que podem ser usadas como sinônimos: uma tem *alvo*, outra tem *ruga*, e a outra *amanhe*. São as primeiras a chegar, todos os dias. Do que estou falando? ________________

c) Basta adicionarmos uma sílaba para fazer uma *fera* girar. Consegue adivinhar? ________________

d) Sinto que *mingo*, mas há um dia em que essa sensação é mais intensa. Sabe qual é? ________________

e) Tem *garra* e é útil para líquidos. O que estou perguntando? ________________

f) O que *pesco* e tenho no meu corpo? ________________

g) Esta é a *reta* a que basta somarmos uma sílaba para recebermos dinheiro. ________________

h) À *gola* se algo acrescentar terei um aro para adornar. Já conseguiu lá chegar? ________________

2 A seguir, encontre algumas palavras do primeiro exercício e crie uma ou duas frases com, pelo menos, cinco delas, que pode usar no plural. Aqui está um exemplo, mas tente responder com criatividade: Quando passava na reta da vila, ao lado da igreja vi uma fera com garras enormes. O meu corpo foi percorrido por uma intensa sensação de medo, e dei por mim a rebolar dali para fora, em direção à minha casa.

rebolar	reta	pesco	fera
sensação	intensa	alvo	garra
corpo	comer	gola	dinheiro

Aproveite para memorizar essas palavras, pois precisará delas mais tarde!

3 Identifique as opções que lhe pareceram adequadas para as relações identificadas:

a) A figura ◩△ está para ■△ como ◉◨ está para:

i. ◉■ ii. ●◨ iii. ◩◑ iv. ○◨

b) A figura ⏭ está para ⏮ como ⏵⏸ está para:

i. ⏸⏴ ii. ⏴⏸ iii. ⏵⏸ iv. ⏸⏵

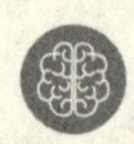

4 Identifique os três desenhos que não se relacionam com as palavras que pedi a você que memorizasse no segundo exercício:

Dia 4

1 Você tem dois minutos para encontrar a palavra intrusa em cada uma das linhas. O critério de exclusão pode ser por não pertencer a um mesmo conjunto, não ser um sinônimo, diferir na letra inicial ou na terminação. Veja o exemplo da primeira linha, no qual a palavra intrusa resulta do fato de Hugo não começar pela letra R.

Ricardo	~~Hugo~~	Rogério	Renato
caminhar	correr	andar	nadar
laranjeira	sobreiro	pereira	macieira
comandar	obedecer	dirigir	chefiar
criança	idoso	menina	adulto
ingenuidade	estima	carinho	afeto
nau	helicóptero	navio	barco
tangerina	mirtilo	limão	laranja
descansar	dormir	acordar	repousar
pedido	suspensão	requerimento	solicitação
sardinha	robalo	cardume	salmão
chocolate	bolo	bolacha	fruta
perdoar	perder	absolver	desculpar
linho	lã	acetinado	seda
Lúcia	Fabiana	Liliana	Mariana
frio	geada	neve	chuva

2 **Na casa da família Soares, os quatro irmãos arrancaram todas as folhas do calendário do mês de outubro.**

Quem tomou a iniciativa de fazer essa bobagem foi o Antônio, que rasgou todas as folhas nas quais constava o algarismo 3.

Então veio Leonor e rasgou todas as folhas nas quais viu o algarismo 2.

Depois Íris rasgou, das folhas existentes, aquelas em que encontrou o algarismo 1.

Eduardo foi o último a se juntar a essa traquinagem e rasgou as folhas que ainda restavam.

Quem rasgou menos folhas? E qual dos irmãos rasgou mais?

____

____

Tente memorizar as informações desse problema, pois vai precisar delas mais tarde.

3 **Tente descobrir as palavras compreendidas em cada uma das partes usando como pistas os desenhos. Veja o exemplo que se segue:**

Lua de mel

Sugestão:

Observe cada desenho isoladamente e pense na palavra a que cada um corresponde. Posteriormente, veja se as duas palavras juntas fazem sentido. Em caso negativo, estabeleça outras hipóteses com base nos desenhos apresentados. Tenha em mente que alguns deles contêm círculos ou setas a indicar a palavra pretendida.

Por exemplo: 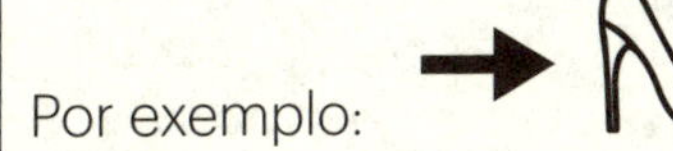

A seta poderá indicar que a palavra que se pretende é salto, não sapato.

a) ____________ de ____________

b) ____________-____________

c) ____________ do ____________

d) ____________ ____________

e) ____________ - ____________

f) ____________ da ____________

g) ____________ de ____________

h) ____________ - ____________

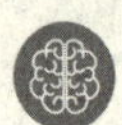

4 Tendo como base o segundo exercício, faça cada folha do calendário corresponder ao nome da criança da família Soares que a retirou:

Folha do dia
23
12
7
10

Nome
Antônio
Leonor
Íris
Eduardo

Dia 5

1 A seguir temos 16 figuras: 4 se repetem, aparentemente, 4 vezes. No entanto, cada figura tem uma cópia falsa. Identifique as 4 cópias falsas.

1. **2.** **3.** **4.**

a)

b)

c)

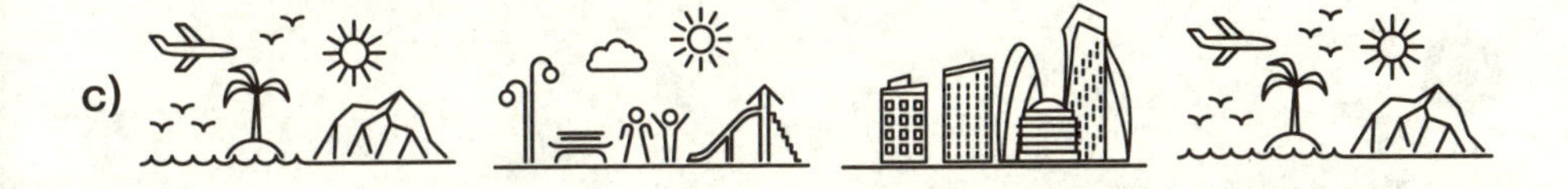

d)

2 Altere uma letra a cada linha para formar uma palavra nova.

Exemplo:

S	A	L
M	A	L
M	E	L

a)

E	M	P	A	D	A
E	S	C	O	L	A

b)

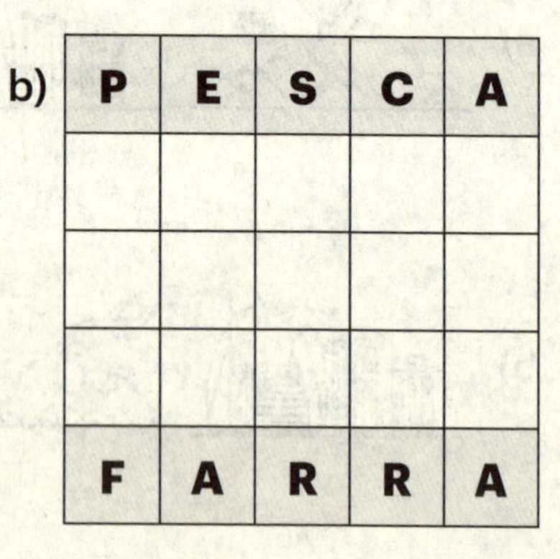

P	E	S	C	A
F	A	R	R	A

3 Tendo por base os números a seguir, encontre:

18	54	27	9	36

a) Dois números que somados dão um terceiro número.

____

b) Três números que somados dão um quarto número.

____

c) Dois números que somados, mais um terceiro número que se subtrai, dá um quarto número.

____

d) Dois números que somados obtêm o mesmo que outros dois números somados.

____

4 Observe o quadro que se segue. Identifique a lógica por trás dele e descubra a opção que substitui o ponto de interrogação:

↑↓	↓↑	↑↑	↓↓
←→	→←	←←	→→
↖↘	?	↖↖	↘↘

a)	b)	c)	d)
↘↗	↘↖	↖↗	↖↘

Dia 6

1 Dona Emília diz que vai dar um dos seus anéis a um familiar. E assim ela entoa:

O anel que vou oferecer
será de quem não me viu nascer.
Quem chama de mãe a Rafaela.
A Rafaela neta da Luciana.

Esse anel de ouro
tem três safiras e dois diamantes.
Se para mim é um tesouro,
também o será para as minhas semelhantes.

A minha filha não me levará a mal
que esta joia não seja para ela.
E se encherá de orgulho matriarcal,
a minha doce Rafaela.

O anel que estou a prometer
era de Luciana, minha mãe.
E a menina que o vai receber
tem um nome que rima com o da mãe de sua mãe.

As três bisnetas da Luciana,
Marília, Daniela e Liliana,
são também de mencionar.
Já sabe para quem o anel vou repassar?

Quem vai receber o anel de dona Emília? ____________________

Aproveite esse momento para memorizar os pormenores da história. Essas informações serão úteis mais tarde.

2 **Ligue cada palavra aos seus respectivos sinônimo e antônimo, como no exemplo.**

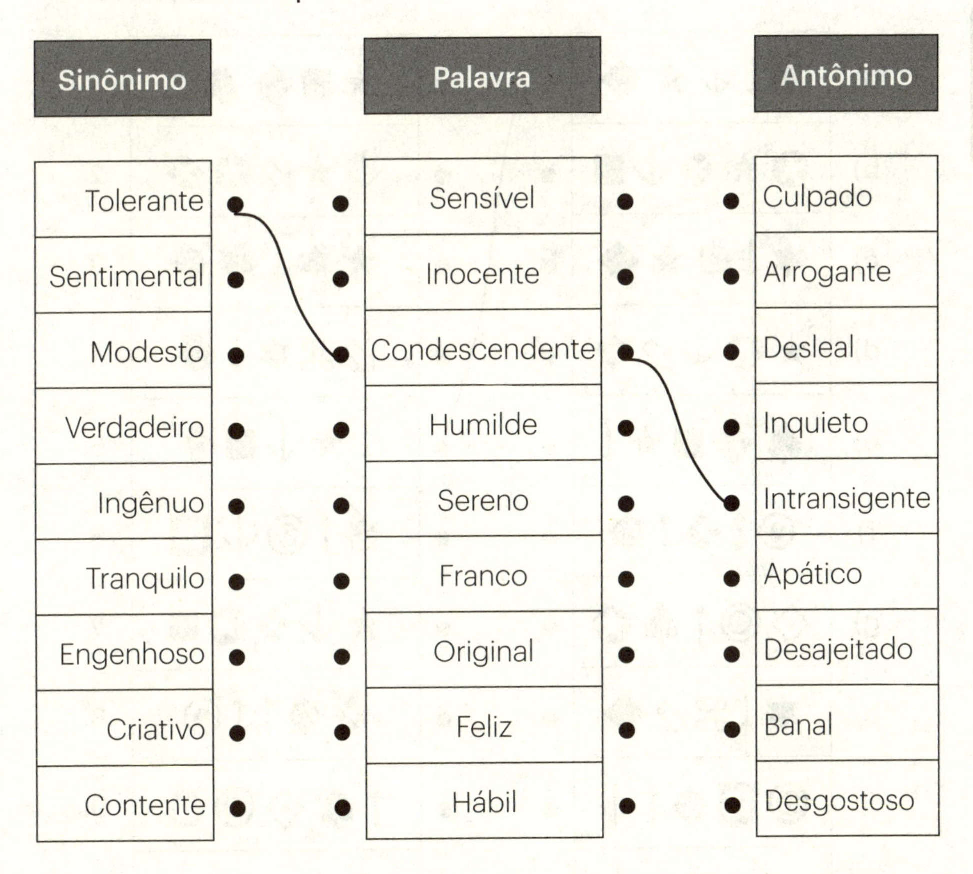

Sinônimo	Palavra	Antônimo
Tolerante	Sensível	Culpado
Sentimental	Inocente	Arrogante
Modesto	Condescendente	Desleal
Verdadeiro	Humilde	Inquieto
Ingênuo	Sereno	Intransigente
Tranquilo	Franco	Apático
Engenhoso	Original	Desajeitado
Criativo	Feliz	Banal
Contente	Hábil	Desgostoso

Para recordar:

- **Sinônimos são palavras que têm o mesmo significado.**
- **Antônimos são palavras que têm significados opostos.**

3 Cada conjunto de símbolos da primeira coluna tem um correspondente na segunda coluna, mas dispostos numa ordem diferente. Faça as ligações, como no exemplo. Tente não passar de quatro minutos.

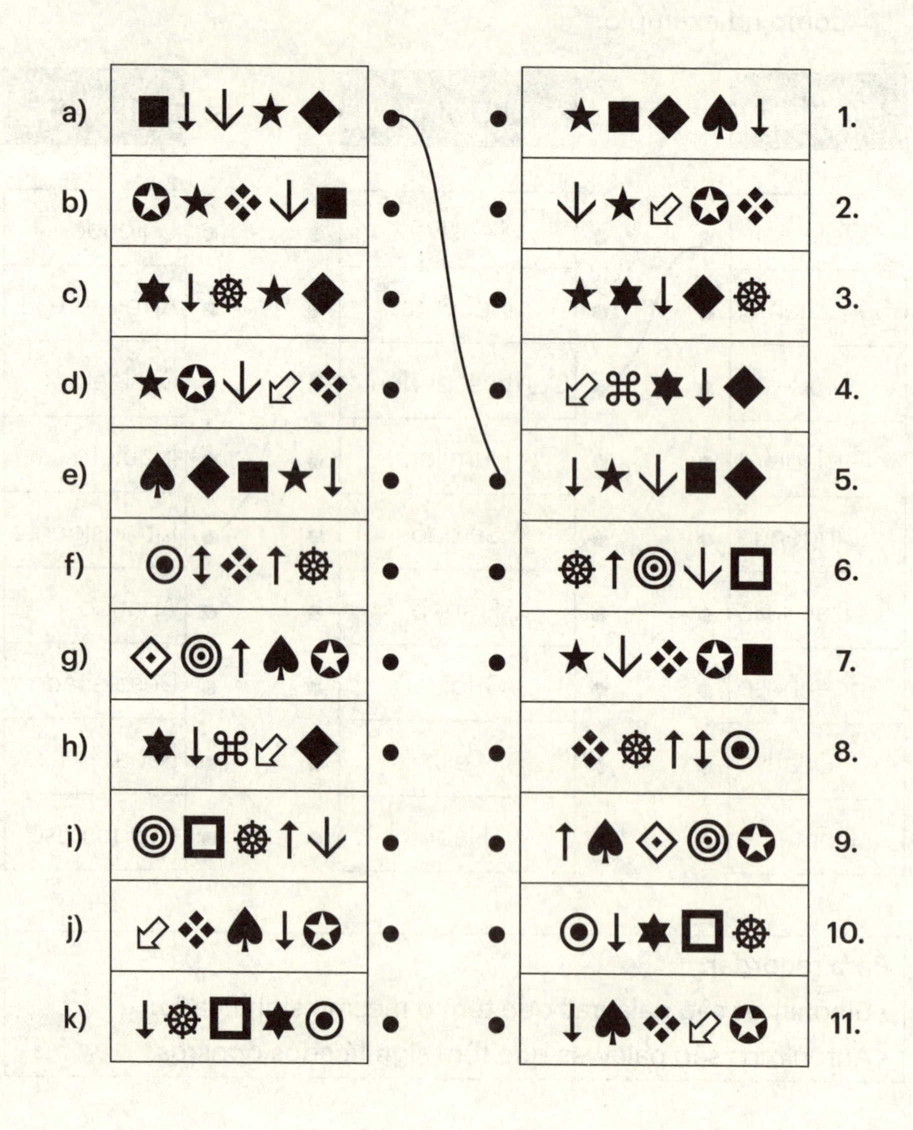

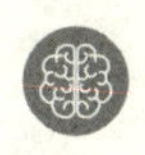

4 Lembra-se do poema da dona Emília, o que fala do anel? Creio que sim, mas vamos testar essa sua memória!

a) Como se chamam as netas da dona Emília? ______________

b) Como se chamava a mãe da dona Emília? ______________

c) Como se chama a filha da dona Emília? ______________

d) Quem vai considerar o anel um tesouro? ______________

e) Qual filha a dona Emília acha mais chata? ______________

f) De que material era o anel? ______________

g) Quais e quantas pedras preciosas continha? ______________

Dia 7

1 Dois amigos pensaram em um número e tentaram adivinhar aquele em que o outro pensou. Diogo começou dando as seguintes pistas quanto ao número em que pensou:

- O meu número é maior do que 4.000 e menor do que 4.800.
- O algarismo das dezenas é o 7.
- O algarismo das centenas é a metade de 10.
- O algarismo das unidades é o maior número par formado por um único algarismo.

O amigo Tiago logo adivinhou e tratou de dar as pistas para o seu número.

- O meu número está entre 3.000 e 3.999.
- Tem uma diferença superior a 1.000 e inferior a 2.000 do seu número.
- O algarismo das centenas e o das unidades são pares, sendo o das unidades o algarismo par imediatamente abaixo do das centenas.
- O algarismo das dezenas é o triplo do dos milhares.

Diogo também conseguiu adivinhar. E você, também descobriu?

____

____

2 Descubra as palavras recorrendo às pistas dadas pelos desenhos abaixo:

a) ____________________

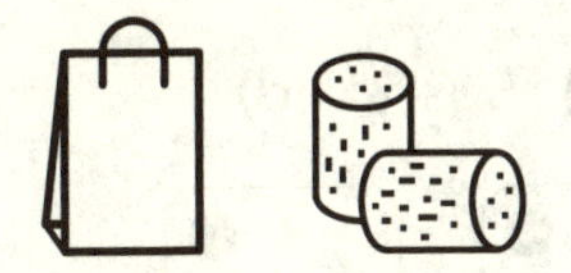

b) ____________________

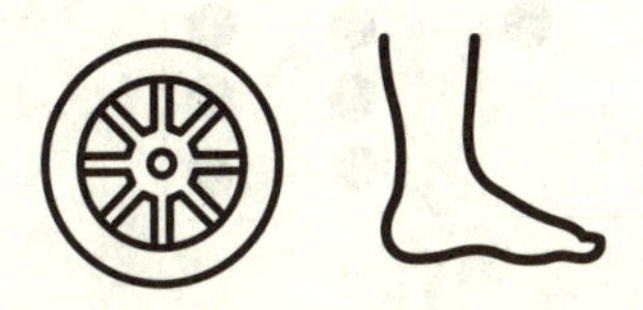

c) ____________________

d) ____________________

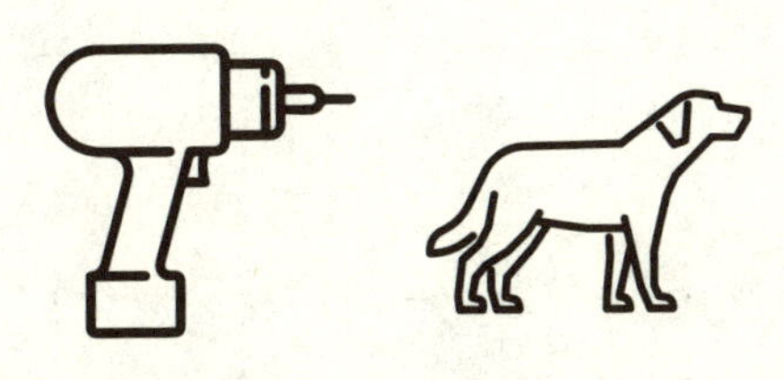

e) ____________________

3 Repare nas seguintes peças de dominó. Tente decifrar a sequência e escolha qual será a próxima peça:

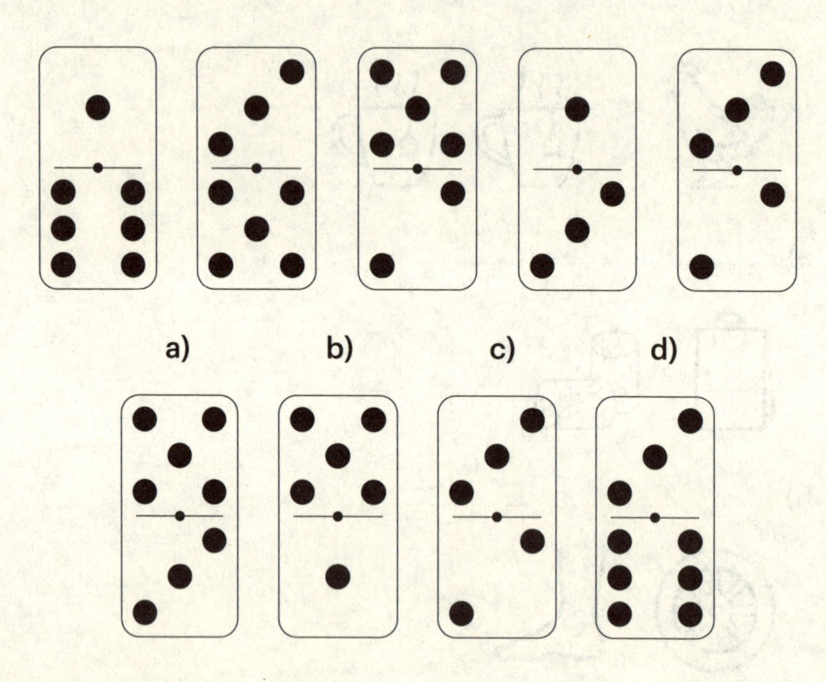

4 Crie uma frase que contenha a mesma ideia do provérbio: “Mais vale um pássaro na mão do que dois voando”. Vou deixar um exemplo, mas tente compor uma frase criativa: “Conquistado é melhor do que sonhado”.

Dia 1

1 A tabela a seguir é composta de diversos desenhos. Identifique, pelo menos, três pares de desenhos que têm a mesma utilidade. Agora, memorize-os, além dos lugares em que se encontram. Você tem quatro minutos para concluir esta tarefa:

2 Tente adivinhar as palavras que se seguem sabendo que é dada uma palavra que é parte da que você deve encontrar e também é uma dica daquilo a que ela se refere.

a) Como se chamam os *feitos* que são considerados falhas? ___________

b) Aquilo que além de estar *certo* também nos dá música. ___________

c) O que é que podemos comer se à *face* juntarmos algo? ___________

d) Tem *gente* e é iminente que se concretize. ___________

e) Ao *verde* se acrescentar uma sílaba terei algo que não é uma ilusão, mas mera realidade. ___________

f) Se a *bocas* juntar uma sílaba, terei algo com que brincar. ___________

g) A *cara* basta uma sílaba para ter um móvel que me dá apoio. ___________

h) Ao *vinho*, se adicionar três letras, descobrirá a resposta desta questão! ___________

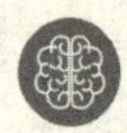

3 Lembra-se dos desenhos que pedi que memorizasse? Certamente que sim! Agora há quadrados com dois desenhos, e você deverá indicar qual deles estava no quadro original.

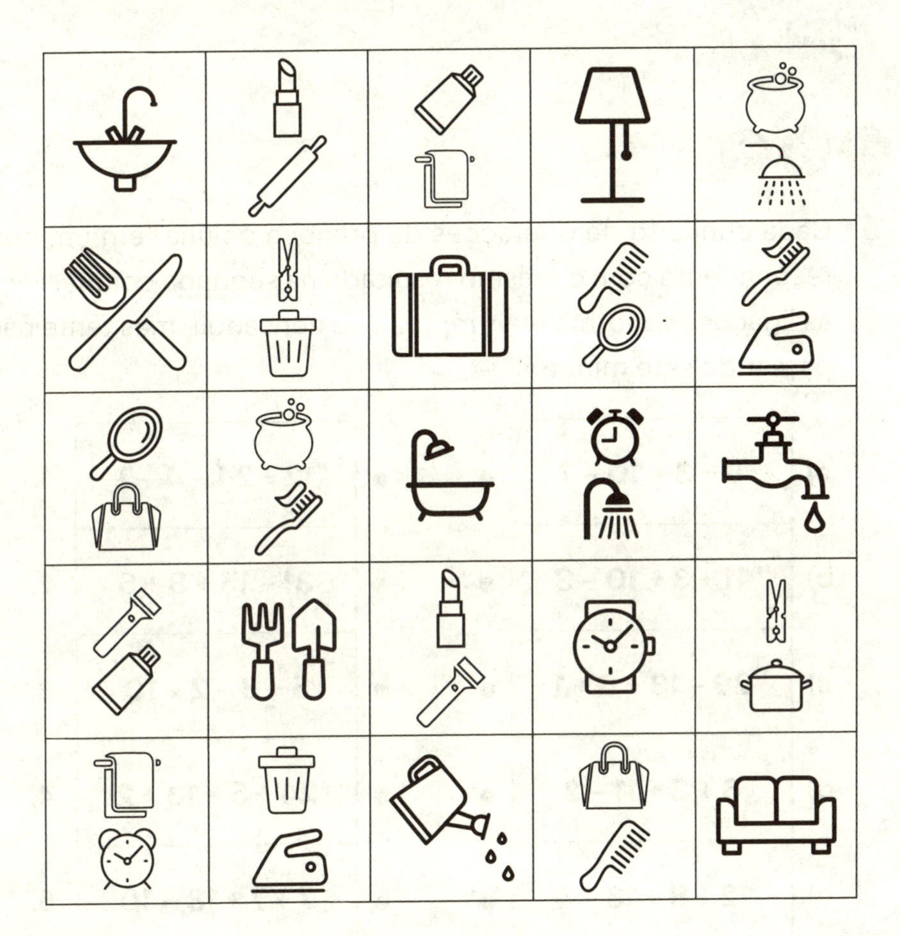

4 Vamos agora testar a sua criatividade! Identifique pelo menos duas utilidades pouco óbvias dos objetos anteriores. Podem ser duas utilidades do mesmo objeto ou de objetos diferentes. Veja este exemplo de utilidades pouco óbvias do balde de lixo: servir de banco ou para guardar pares de sapatos.

____

____

Dia 2

1 Cada conjunto de operações da primeira coluna tem um correspondente com o mesmo resultado na segunda coluna. Faça as ligações da forma mais rápida que conseguir, mas tente não passar de sete minutos.

a)	**8 + 3 + 10 – 7**	•	•	**12 + 24 – 4 – 7**	1.
b)	**11 + 3 + 10 – 3**	•	•	**31 – 15 + 8 + 5**	2.
c)	**29 – 13 + 8 + 1**	•	•	**5 + 8 – 2 + 10**	3.
d)	**6 + 3 + 11 – 2**	•	•	**24 + 5 – 13 + 2**	4.
e)	**12 + 8 + 13 – 4**	•	•	**7 + 7 + 18 – 10**	5.
f)	**35 + 8 + 6 – 27**	•	•	**4 + 5 – 3 + 8**	6.
g)	**17 + 13 – 8 – 12**	•	•	**15 + 6 – 4 – 7**	7.
h)	**12 – 7 + 15 – 9**	•	•	**3 + 11 – 6 + 4**	8.
i)	**9 + 8 – 7 + 2**	•	•	**25 – 6 – 10 + 2**	9.

2 Seguindo a lógica, selecione a opção que lhe parecer mais adequada.

a) Problema está para solução como:

1. Contexto está para situação.

2. Decisão está para dilema.

3. Pergunta está para resposta.

4. Diálogo está para interação.

b) Hoje está para anteontem como:

1. Primavera está para inverno.

2. Verão está para inverno.

3. Inverno está para primavera.

4. Primavera está para verão.

c) Tristeza está para lágrimas como:

1. Cansaço está para sono.

2. Alegria está para felicidade.

3. Riso está para alegria.

4. Medo está para receio.

d) Caminhada está para passo como:

1. Gota está para chuva.

2. Poça está para gota.

3. Chuva está para neve.

4. Água está para chuva.

3 **Descubra as letras que faltam sabendo que:**

- todas as palavras contêm as letras da palavra da linha superior;
- é dada a conhecer a posição dessas letras em cada uma das palavras;
- a cada linha é acrescentada uma nova letra que a palavra seguinte vai conter;
- embaixo encontrará dicas que o ajudarão – elas se alternam entre uma descrição da palavra e uma indicação da letra que foi acrescentada.

Exemplo:

C	O	R			
R	I	C	O		
C	R	E	I	O	
C	H	E	I	R	O

	S	E	R					
1								
2								
3								
4								
5								

1 Brisa.
2 Acrescente a letra "T".
3 Linha formada pelo encontro de duas faces.
4 Acrescente a letra "C".
5 Anúncios de grandes dimensões.

4 Todos nós já ouvimos estranhos conversarem no transporte público, na rua ou em restaurantes, e essas situações nos fizeram refletir sobre o contexto associado a elas. Esta é uma dessas situações, mas você terá que usar a imaginação!
Você está na rua, e eis que passam três mulheres na sua frente. Você ouve uma delas dizer: "Ele disse que o prazo terminava hoje e me deixou sem saída!". Consegue imaginar pelo menos um contexto para essa frase? Se conseguir pensar em dois, melhor ainda.

Dia 3

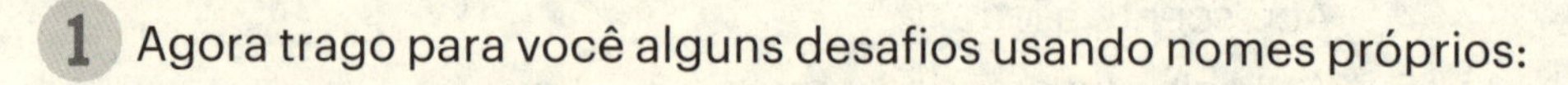

1 **Agora trago para você alguns desafios usando nomes próprios:**

a) Amélia foi assim batizada em homenagem às avós, pois o seu nome é bem parecido com o delas. Como será que as avós de Amélia se chamam? ____________

b) Valentim e Marta tiveram um filho. Que nome deram a ele? ____________

c) Todo mundo me chama de Rito. Essas são duas sílabas intercaladas do meu nome. Acrescente a isso o fato de que sou homem, o meu nome tem quatro sílabas e não começa com R. Como será que me chamo? ____________

d) Aurélio e Débora tiveram uma filha. Que nome deram a ela? ____________

Espero que tenha conseguido responder às questões. Agora repare mais uma vez nos nomes próprios que escrevi nelas; você tem um minuto para memorizá-los.

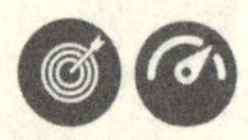

2 **Repare nas pirâmides a seguir:**

2 1

Agora, identifique as que estão na mesma posição que a primeira pirâmide, com o número 2, e as que estão na mesma posição que a segunda pirâmide, com o número 1. Ao mesmo tempo, identifique com o símbolo **=** caso conclua que elas têm o mesmo tamanho; marque as maiores com o símbolo **↓**, e as menores com o símbolo **↑**. Veja os primeiros exemplos e procure ser tão rápido quanto possível (idealmente, demore até três minutos).

> **Nota:**
> Pode parecer que a escolha da numeração e da direção das setas é um erro, mas na verdade foi intencional, para desafiar o seu cérebro.

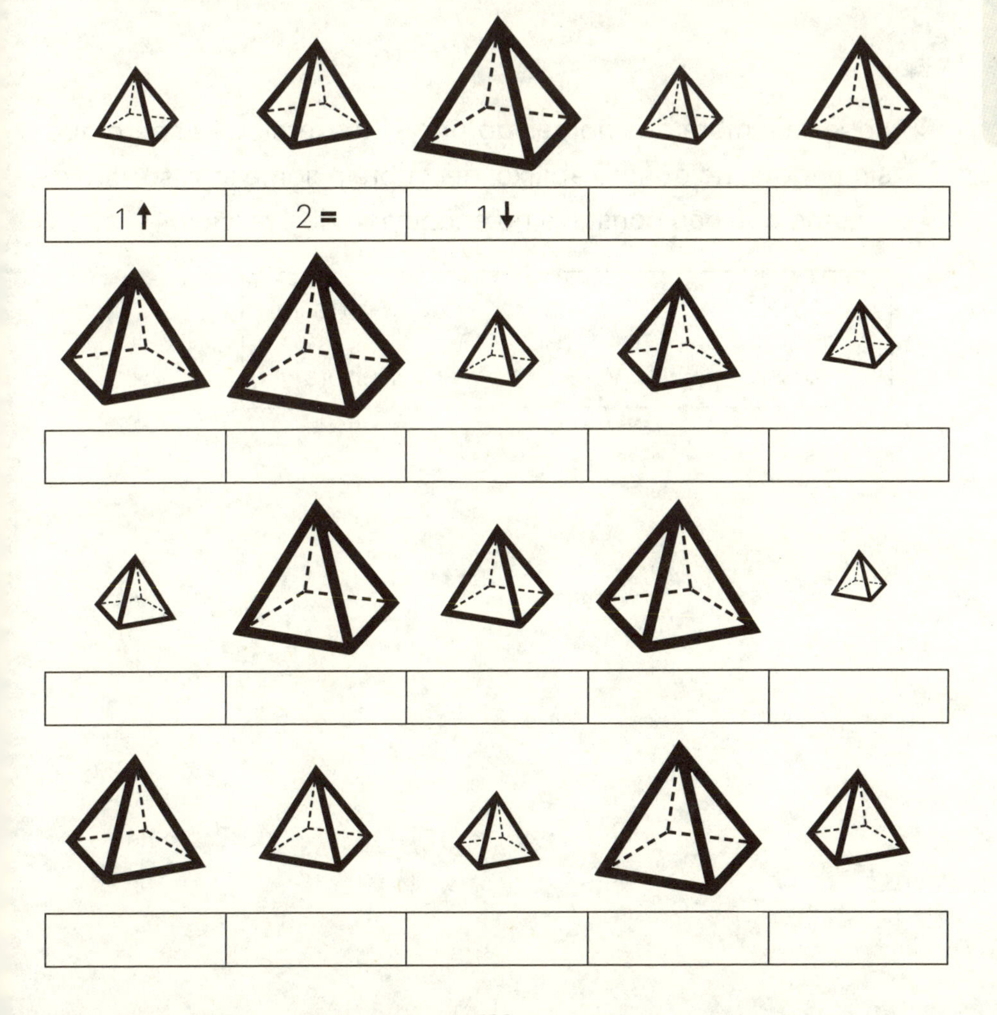

3 Vamos descobrir o que é maior? Preencha a coluna central com <, > ou =. Veja o exemplo da linha superior.

		< = >	
	$\frac{1}{2}$ de 20	=	$\frac{1}{4}$ de 40
a)	$\frac{2}{5}$ de 15		$\frac{1}{3}$ de 24
b)	$\frac{1}{4}$ de 100		$\frac{2}{3}$ de 30
c)	$\frac{3}{5}$ de 50		$\frac{2}{5}$ de 75

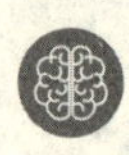

4 Você se lembra dos nomes do primeiro exercício? Espero que sim! Agora, no quadro abaixo, descubra o nome intruso, isto é, o nome que não constava no enunciado do exercício:

Amélia	Rita	Marta
Aurélio	Valentim	Débora

Dia 4

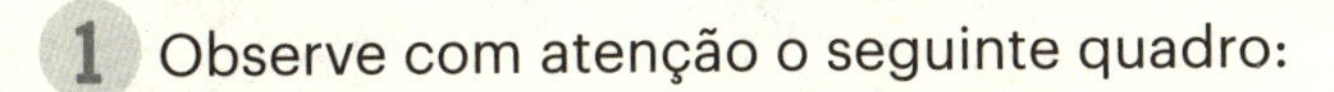

1 Observe com atenção o seguinte quadro:

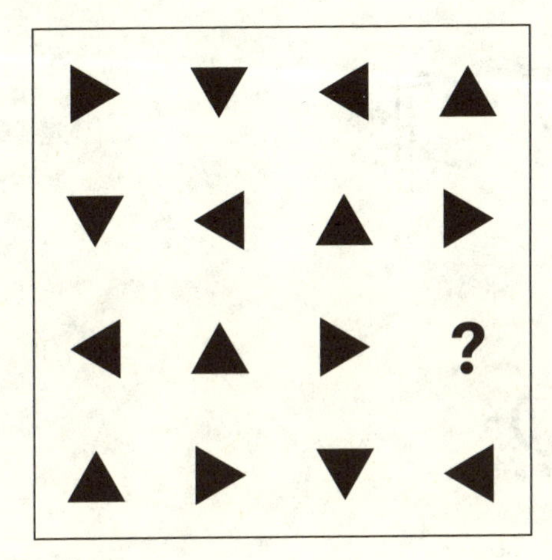

Qual dos símbolos substitui o ponto de interrogação?

a) ▲ **b)** ▼ **c)** ▶ **d)** ◀

2 Descubra as expressões populares recorrendo às pistas dadas pelos desenhos a seguir. Se tiver dificuldade, consulte os significados das expressões, que foram dispostos de forma aleatória.

a) 

Semana 4

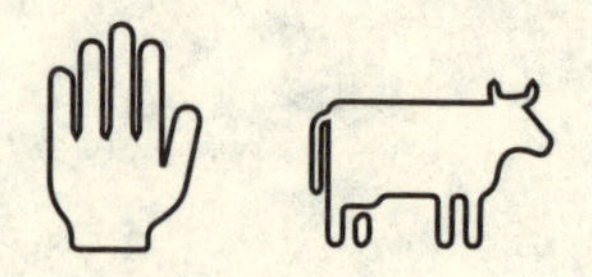

b) ______________________________

c) ______________________________

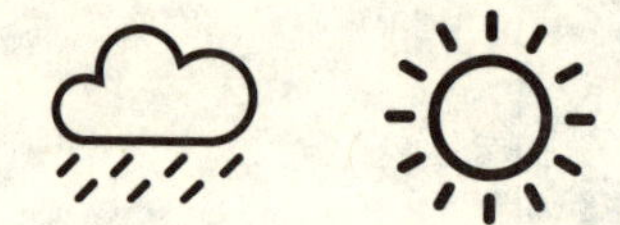

d) Faça ______________, ou faça ______________

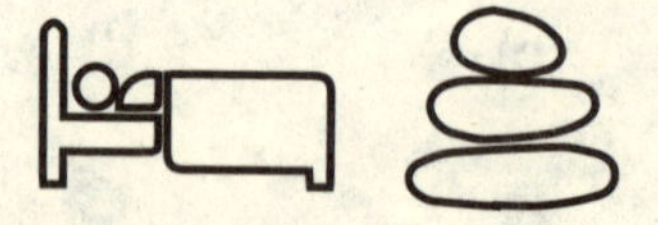

e) ______________ como uma ______________

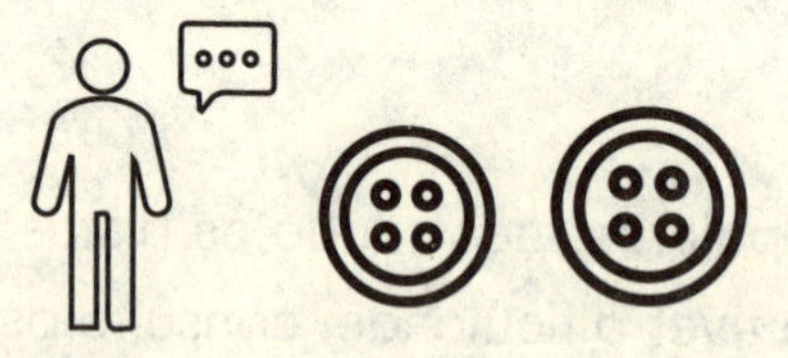

f) ______________________________

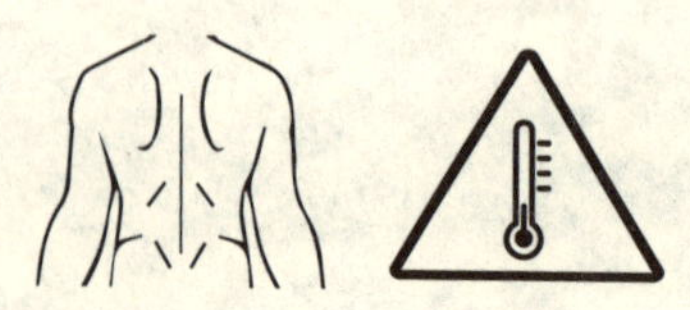

g) Ter as ______________________________

Avarento.	Em qualquer circunstância.
Cada um deve ocupar o seu lugar.	Falar consigo mesmo.
Contar com a proteção de alguém.	Ficar calado.
Dormir profundamente.	

3 Observe o quadrado a seguir. Das alternativas abaixo, só uma corresponde a um quadrado igual, mas em uma orientação diferente. Descubra qual é.

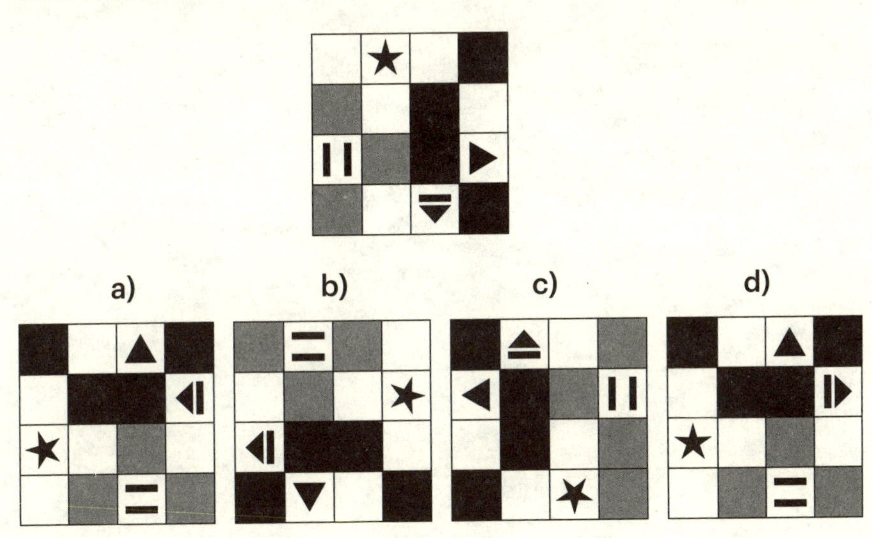

Semana 4

4 As operações numéricas a seguir estão incompletas. Os números faltantes estão no retângulo. A sua tarefa é colocar cada número em seu respectivo espaço, de forma que os cálculos fiquem corretos:

14	12	90	6	7	96

a) ___ × ___ = 98

b) ___ × 8 = ___

c) 15 × ___ = ___

Dia 5

1 Neste exercício, você precisará descobrir a palavra misteriosa. Para ajudá-lo, há duas pistas e o significado da palavra que você busca. Veja o exemplo:

igreja catedral	+	curso d'água	=	sisudo
sé		rio		sério

a)

parte final de um membro posterior	+	ave menor que o pombo	=	preciosidade

b)

gostar muito	+	ligação	=	cor

c)

leito	+	órgão do aparelho urinário	=	pequeno quarto para se produzir

d)

face	+	pedaço de madeira	=	peixe

Semana 4

2 Que dia é hoje? Se não sabe, veja no calendário. Procure esse dia na coluna à esquerda e veja o sentimento correspondente seguindo o caminho apenas com o olhar. Leve esse sentimento com você para os próximos dias!

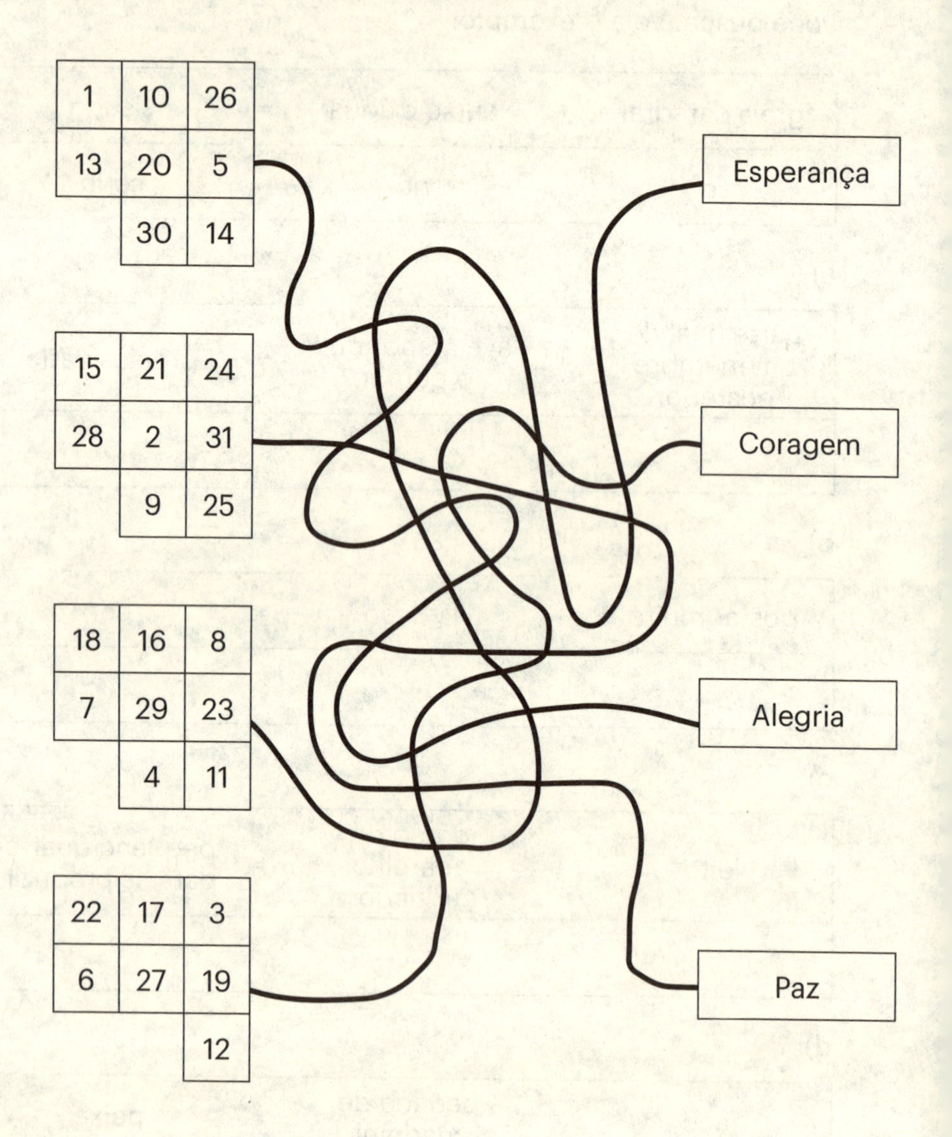

3 Qual é a conclusão que podemos tirar das ideias a seguir?

A investigadora não pode ser considerada irresponsável se entregar o relatório dentro do prazo previsto. A investigadora entregou o relatório no prazo previsto, logo:

a) A investigadora não é responsável.

b) A investigadora não era responsável pela entrega do relatório.

c) A investigadora foi irresponsável.

d) A investigadora é responsável.

4 Vamos aos saldos? É o que proponho no exercício de agora. Imagine que está em uma liquidação, mas os itens não estão marcados com o seu preço final, e sim com a porcentagem de desconto que será aplicada a eles. Identifique em cada linha, o mais rápido possível, se o preço final do lado esquerdo é inferior (<), igual (=) ou superior (>) ao do lado direito levando em consideração a porcentagem dos descontos. Veja o primeiro exemplo:

	% de desconto	Preço inicial	<=>	% de desconto	Preço inicial
	15%	R$ 15,00	<	20%	R$ 19,00
a)	60%	R$ 40,00		20%	R$ 25,00
b)	5%	R$ 10,00		10%	R$ 12,00
c)	80%	R$ 100,00		60%	R$ 50,00
d)	50%	R$ 55,00		40%	R$ 35,00
e)	40%	R$ 90,00		70%	R$ 140,00
f)	60%	R$ 30,00		80%	R$ 60,00

Sugestão:

Uma forma de fazer esses cálculos rapidamente é pensar na porcentagem de 10% para qualquer valor. Por exemplo:

- 10% de 15 são 1,50.
- 10% de 90 são 9.

A partir daqui ajustamos:

- 15% de 15 serão 1,50 + (1,50 ÷ 2) = 1,50 + 0,75 = 2,25.
- 40% de 90 serão 9 × 4 = 36.

Agora só tem de subtrair esses valores (a porcentagem do desconto):

- 15 – 2,25 = 12,75.
- 90 – 36 = 54.

Quando a porcentagem do desconto for alta, pode adotar a estratégia contrária. Por exemplo:

- 80% de 60, então só terá de pagar 20% (se 10% de 60 são 6, então serão 6 + 6); logo, pagará R$ 12,00.
- 70% de 140, então terá de pagar 30% (se 10% de 140 são 14, então serão 14 + 14 + 14); logo, pagará R$ 42,00.

Dia 6

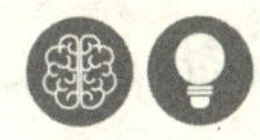

1 A seguir, você encontrará sete provérbios, todos com um significado idêntico ao de, pelo menos, outro provérbio da lista. Agrupe-os em três conjuntos, de acordo com o significado.

1.	Pedra solta não tem volta.
2.	Cada um sabe onde lhe aperta o calo.
3.	Guarda a ovelha, mesmo quando não vês o lobo.
4.	Cada um sabe o peso do fardo que carrega.
5.	Antes escorregar do pé que da língua.
6.	É melhor prevenir do que remediar.
7.	Não se afoga no mar o que lá não entrar.

Agora você tem um minuto para memorizar as palavras sublinhadas.

2 Quais palavras podem substituir os pontos de interrogação para que formemos palavras que existem? Veja este exemplo, em que a palavra que substituiu o ponto de interrogação foi "fio", formando "afio", "chefio", "desafio" e "desconfio".

a	fio
che	
desa	
descon	

a)

ad	?
uni	
per	
contro	

b)

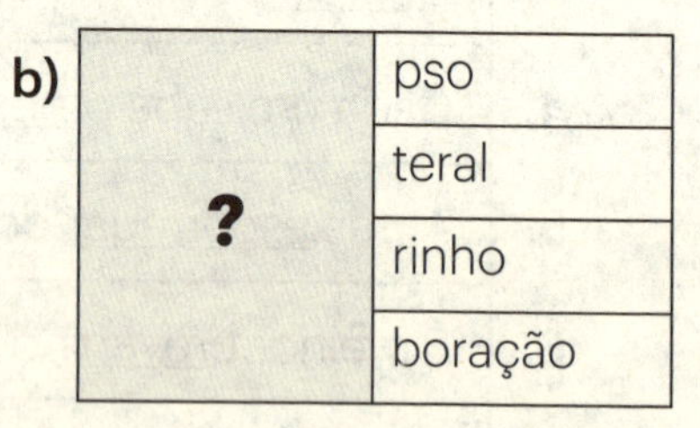

?	pso
	teral
	rinho
	boração

3 Observe o quadro a seguir. Identifique a lógica dele e descubra a opção que substitui o ponto de interrogação:

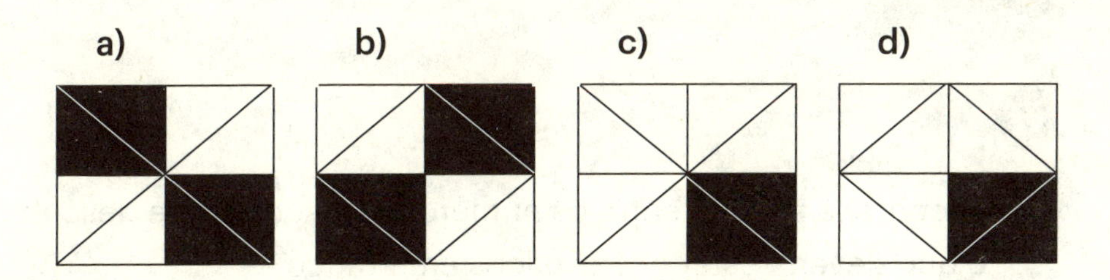

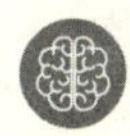

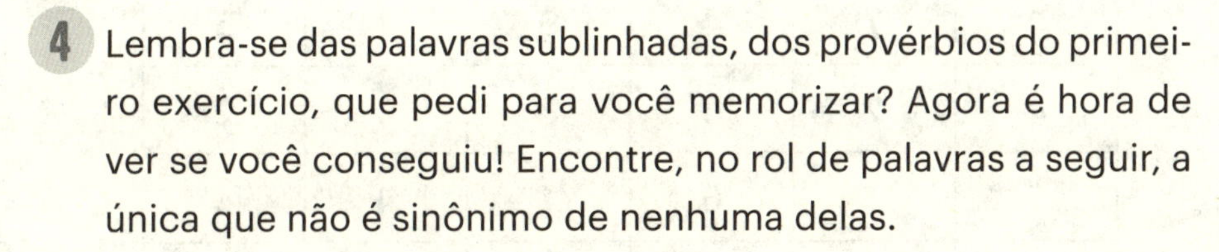

4 Lembra-se das palavras sublinhadas, dos provérbios do primeiro exercício, que pedi para você memorizar? Agora é hora de ver se você conseguiu! Encontre, no rol de palavras a seguir, a única que não é sinônimo de nenhuma delas.

prudência	remorso	protege	comprime
carga	calhau	deslizar	migalhas

Dia 7

1 Encontre a relação entre os números apresentados e descubra o que deveria estar nos espaços em branco.

2	3	1	3	4	1
4	7	4	9		5
4	2	6	3	3	2
5		6	1	4	4
3	3	1	2	4	6

2 Começando pela palavra da linha superior, acrescente uma letra a cada "degrau" e forme palavras de modo a chegar à da linha inferior. Para ajudar você nesta tarefa, algumas letras já foram colocadas no local correto.

Exemplo:

S	I		
S	I	M	
M	A	I	S

a)

M	A	L				
		M				
	A		M			
P			S			
A	M	P	O	L	A	S

b)

L	U	A				
		T				
	T			L		
A			U			
N	A	T	U	R	A	L

3 Um grupo de amigos está organizando um jantar. Algumas pessoas ficarão responsáveis pela preparação da comida, ao passo que outras estarão encarregadas de arrumar a cozinha. Celeste é a responsável pela organização da confraternização e pediu aos amigos que dissessem quais tarefas preferiam fazer. Há aqueles que demonstraram preferência por uma tarefa e outros desgosto por uma delas. Celeste vai respeitar estas posições:

Joana	Eu prefiro cozinhar!
Teodora	Preciso confessar que eu não desgosto de arrumar cozinha.
Moisés	O que eu desgosto é não cozinhar.
Adriana	Entre não arrumar a cozinha e não cozinhar, prefiro a segunda opção.
Carlota	Se eu puder, prefiro não precisar não arrumar a cozinha.
Pedro	Entre arrumar a cozinha e cozinhar, escolho não estar excluído do segundo grupo.

Preencha o quadro que Celeste vai afixar para que cada um saiba as suas tarefas:

Cozinhar	**Arrumar a cozinha**
____________	____________
____________	____________
____________	____________

4 Agora imagine que você ficou responsável pela organização de um jantar entre amigos e todas as pessoas expressaram preferência pela mesma tarefa. Se por um lado você não quer que ninguém fique chateado com a tarefa que lhe foi delegada, por outro precisa distribuí-las, pois não cabe a você o desempenho das tarefas menos desejadas. Quais estratégias usaria para convencer seus amigos a desempenharem, com genuína satisfação, tarefas de que não gostam? Você deve ser criativo nas suas estratégias, mas sempre assertivo, respeitando a si mesmo e aos outros! Se conseguir, liste mais de uma estratégia.

____

____

____

____

____

Dia 1

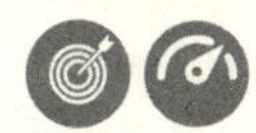

1 Neste exercício, você precisará encontrar uma mensagem oculta ignorando as letras: B, D, G, J e Z. Veja o seguinte exemplo, com a mensagem "máxima atenção". Tente ser rápido, você tem apenas três minutos. Procure não riscar as letras, e sim eliminá-las mentalmente.

M	D	Á	X	B	I	M	A	G	A	Z	T	E	N	B	Ç	J	Ã	O

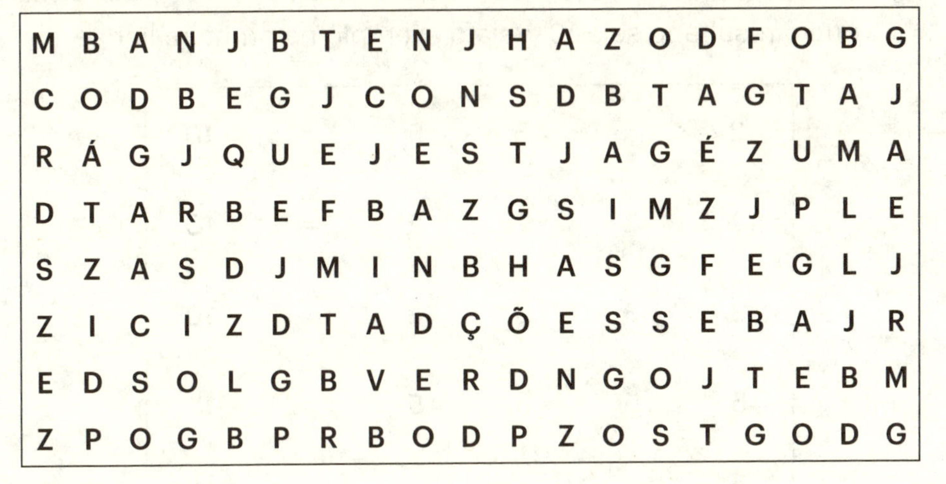

M	B	A	N	J	B	T	E	N	J	H	A	Z	O	D	F	O	B	G
C	O	D	B	E	G	J	C	O	N	S	D	B	T	A	G	T	A	J
R	Á	G	J	Q	U	E	J	E	S	T	J	A	G	É	Z	U	M	A
D	T	A	R	B	E	F	B	A	Z	G	S	I	M	Z	J	P	L	E
S	Z	A	S	D	J	M	I	N	B	H	A	S	G	F	E	G	L	J
Z	I	C	I	Z	D	T	A	D	Ç	Õ	E	S	S	E	B	A	J	R
E	D	S	O	L	G	B	V	E	R	D	N	G	O	J	T	E	B	M
Z	P	O	G	B	P	R	B	O	D	P	Z	O	S	T	G	O	D	G

Semana 5

2 Vamos agora aos nomes próprios! Em cada tópico, tente identificar pelo menos três que cumpram os critérios:

a) Nomes masculinos sem as letras "u" ou "o", tal como Filipe.

____

b) Nomes femininos sem as letras "a" ou "o", tal como Lisete.

____

c) Nomes masculinos com o mesmo número de vogais e consoantes, tal como Renato.

____

d) Nomes femininos com, no mínimo, quatro letras, e só com uma vogal, que pode ser repetida, tal como Ester.

____

3 Entre cada dois algarismos você deve colocar o símbolo de uma das quatro operações matemáticas (+, –, × e ÷) de forma que o resultado seja 10. Veja o exemplo na primeira linha:

2	×	5	+	5	–	5	=	10
2		2		2		2	=	10
3		3		3		3	=	10
5		5		5		5	=	10
6		4		2		2	=	10
8		3		4		4	=	10

Nota:
Lembre-se de que as operações de multiplicação e de divisão têm prioridade em comparação às de adição e de subtração.

4 Para cada provérbio, encontre o que tenha significado idêntico:

a) "Quando em Roma, faça como os romanos.":

1. "Filho de peixe peixinho é."

2. "Não há boa terra sem bom lavrador."

3. "Dançar conforme a música."

4. "Em terra de cego, quem tem um olho é rei."

b) "Um dia é da caça e outro do caçador.":

1. "Nem todo dia se come pão quente."

2. "De manhã se começa o dia."

3. "Ninguém está bem com a sorte que tem."

4. "Lugar de dia perdido nunca é preenchido."

c) "Cachorro picado por cobra tem medo até de linguiça.":

1. "Generoso como ninguém é aquele que nada tem."

2. "Pedra que rola não cria musgo."

3. "Quem semeia vento colhe tempestade."

4. "Gato escaldado tem medo de água fria."

Dia 2

1 Você deverá preencher os quadrados a seguir com números de 2 a 9, sendo que não pode colocar juntos dois números consecutivos, nem em linha, nem em coluna, nem na diagonal. O número 1 já está preenchido, agora só falta você completar os quadrados restantes.

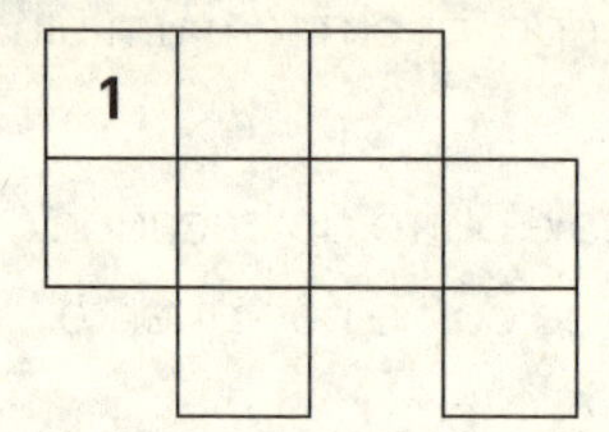

Observe com atenção a figura anterior durante um minuto; ignore os números preenchidos. Memorize-a! Vai precisar dela mais tarde!

2 Começando com uma das palavras dos quadros, altere uma letra a cada linha e mantenha as restantes na mesma posição, de forma a chegar à outra palavra.

a)

P	A	S	S	O	S
C	O	R	T	A	R

b)

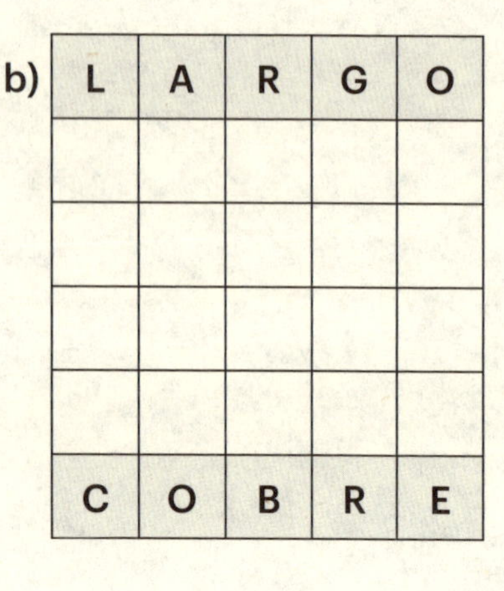

L	A	R	G	O
C	O	B	R	E

3 Repare no seguinte esquema, no qual algumas figuras geométricas se encontram sobrepostas. O número indicado nas zonas de sobreposição é a soma dos valores de cada figura sobreposta. Descubra o valor de cada uma delas.

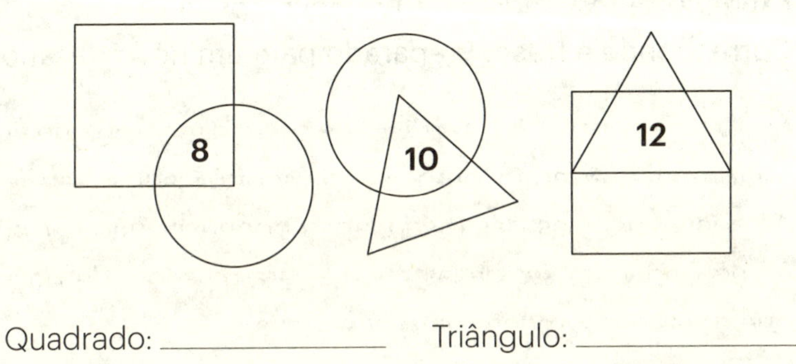

Quadrado: ______________ Triângulo: ______________

Círculo: ______________

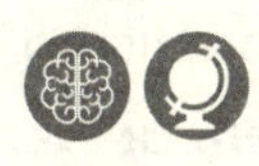

4 Lembra-se da figura que pedi que memorizasse? As figuras abaixo foram giradas, e você terá que encontrar a que corresponde a ela!

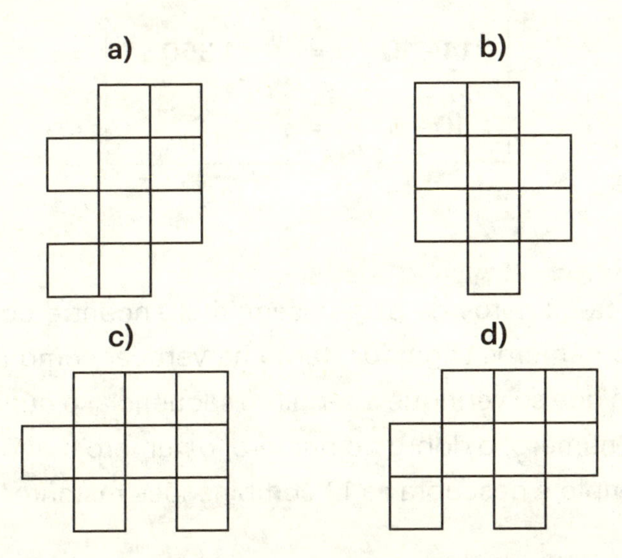

Semana 5

Dia 3

1 O texto abaixo está escrito pela metade. Veja o exemplo a seguir e tente decifrar a mensagem:

Exemplo: Preparado para um novo desafio?

Corresponde à frase: Preparado para um novo desafio?

Mais tarde consultou o seu livro de bolso e reparou que tinha dado a informação errada. Como poderia agora desfazer este equívoco? As consequências deste seu lapso poderiam não ser nenhumas como poderiam ser desastrosas. E era na segunda possibilidade que o seu pensamento se concentrava.

2 Repare no esquema a seguir e tente desvendar o simbolismo destas estranhas operações. Se descobrir a lógica, verá que é simples substituir o ponto de interrogação:

20 – 15	**=**	**1.945**
14 – 10	**=**	**1.350**
10 – 5	**=**	**?**

3 No caça-números da página seguinte, encontre conjuntos de quatro números seguidos, tanto na vertical como na horizontal, em que se verifique a seguinte sequência: o número; metade do número; o dobro do número; o número menos três. Veja o exemplo e descubra as 13 combinações restantes.

22	11	44	19	10	9	11	12	6	24	9	2
13	21	8	21	5	7	6	21	20	12	66	7
20	52	4	10	8	5	3	23	6	48	27	18
10	11	16	8	32	13	12	35	19	21	28	14
40	28	5	11	9	6	3	12	3	30	25	7
17	24	47	34	30	45	40	6	31	4	8	28
9	18	9	36	15	19	37	24	35	2	9	11
6	24	6	21	60	32	11	9	32	8	56	34
10	5	20	7	27	20	33	2	16	1	29	19

4 Preencha os quadrados da coluna à direita de forma a completar as sequências:

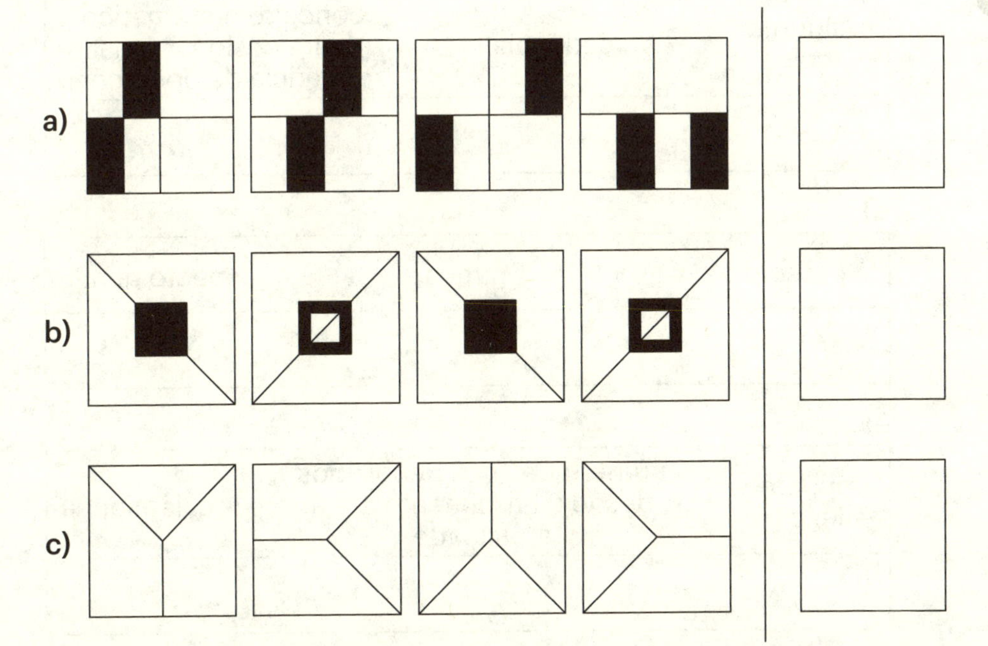

Dia 4

1 Neste exercício, você precisará descobrir a palavra misteriosa. Você terá duas pistas e saberá qual é a definição/sinônimo da que procura.

a)

ler no passado	+	extremidade do braço	=	fruta

b)

situação intermediária	+	ato de ver	=	conversa em que são abordadas várias questões

c)

alguma coisa	+	cadência	=	conceito matemático para designar uma sequência de operações

d)

tecido	+	ramos	=	aspecto geral

e)

impõem silêncio	+	número de anos decorridos desde o nascimento até a atualidade	=	calamidade

2 Analise a estrutura e descubra qual peça, das dispostas a seguir, substitui o ponto de interrogação.

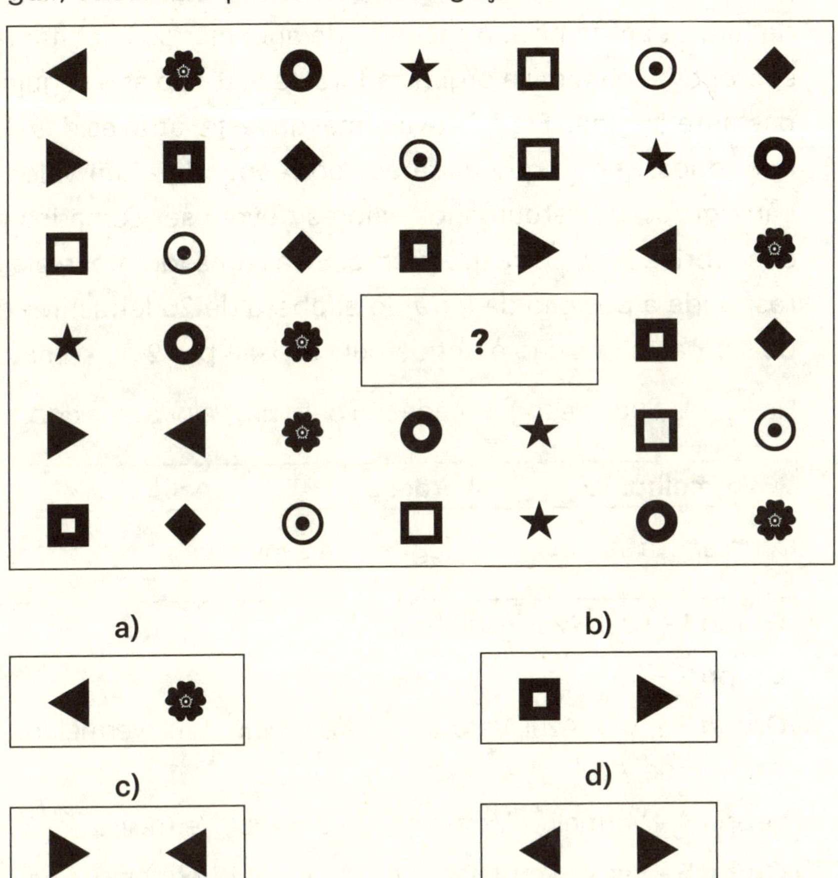

Já descobriu? Agora você tem um minuto para memorizar esses símbolos. Você vai precisar deles mais tarde.

3 Todos os anos, em um povoado específico, é comum que a responsabilidade sobre a organização da festa da colheita mude de família em família. A maneira de anunciar aos habitantes o sobrenome da família organizadora da festa do ano seguinte é bastante original. Ela é feita ao final da festa, através das cores dos fogos, sendo que cada cor corresponde a um valor. Em cada grupo de estouros, os valores devem ser somados para descobrir a letra correspondente. Se a soma for ímpar, ela corresponde à posição da letra do alfabeto de 26 letras. No caso de ser par, a posição é obtida pela divisão por 2 do somatório.

Havia três tipos de fogos, cada um com um valor associado:

Vermelho: 10	Verde: 5	Azul: 1

Certo ano, a sequência de fogos foi a seguinte:

Grupo 1 – Azul, Azul, Azul, Azul

Grupo 2 – Azul

Grupo 3 – Azul, Azul, Verde, Azul, Vermelho, Azul, Vermelho, Azul, Verde, Azul

Grupo 4 – Vermelho, Vermelho, Verde, Azul, Vermelho

Grupo 5 – Verde, Vermelho, Azul, Azul, Azul, Vermelho, Azul, Azul

Grupo 6 – Azul, Vermelho, Verde, Vermelho, Verde, Azul, Verde, Azul

Grupo 7 – Azul, Azul, Verde, Azul, Verde, Azul, Azul

No ano anterior foi mais fácil. A família Sá foi anunciada com dois grupos de fogos:

- o primeiro grupo composto de um vermelho, um verde e quatro azuis (10 + 5 + 1 + 1 + 1 + 1 = 19 = S);

- o segundo grupo com dois fogos azuis (1 + 1 = 2; sendo par: 2/2 = 1 = A).

Mas isso são águas passadas. Agora quero descobrir quem vai organizar a festa do ano seguinte e preciso da sua preciosa ajuda!

____

____

____

Nota:
A B C D E F G H I J K L M N O P Q R S T U V W X Y Z

4 Encontre os três símbolos que não constavam no exercício 2.

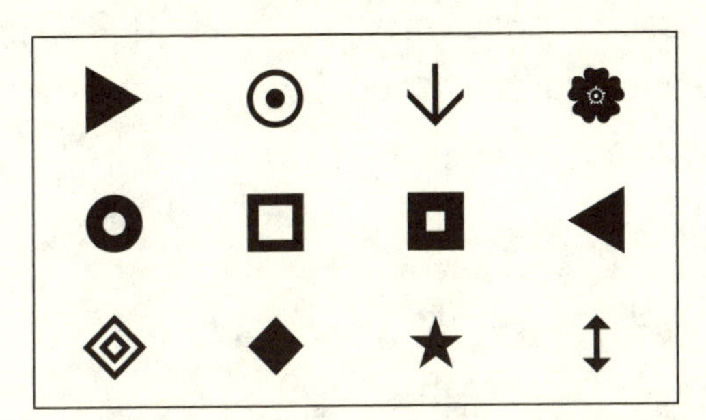

Semana 5

Dia 5

1 Neste exercício, você deverá unir os números seguindo a sequência abaixo:

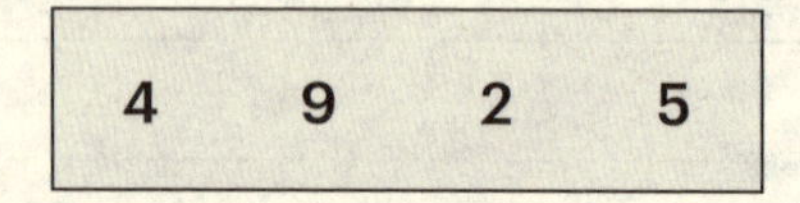

Ao fazer as ligações, você deve atender aos seguintes critérios:

- todas devem ser feitas com o número respectivo mais próximo;
- o 4 que se encontra dentro de um círculo é o seu ponto de partida;
- o 2 que se encontra dentro de um círculo é o seu ponto de chegada;
- este último ponto é "usado" duas vezes.

Descubra, assim, a letra que aqui se esconde, sendo que o percurso já começou a ser traçado.

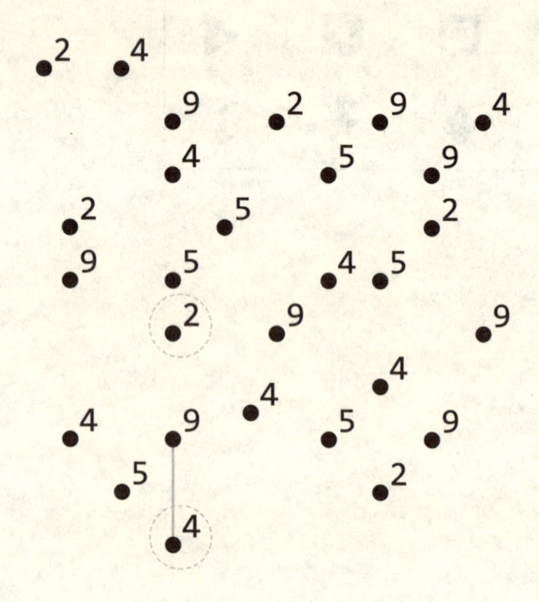

2 Conseguiu encontrar a letra? Creio que sim! Agora meu pedido será extremamente simples: liste, no espaço de dois minutos, pelo menos oito objetos que pode encontrar em sua casa iniciados pela letra que descobriu no exercício anterior.

__________ __________ __________ __________ __________

__________ __________ __________ __________ __________

3 Todas as palavras a seguir tiveram uma letra trocada. Se assim não fosse, todas pertenceriam a determinada categoria. Consegue descobrir quais letras foram substituídas e em qual categoria se enquadrariam?

rolete		lutas		teias	
	caldas		marca		sobe
sala		concho		tônica	
	cavaco		bravata		baile

4 Encontre as três opções das nove estruturas em preto que se encaixam neste quadro.

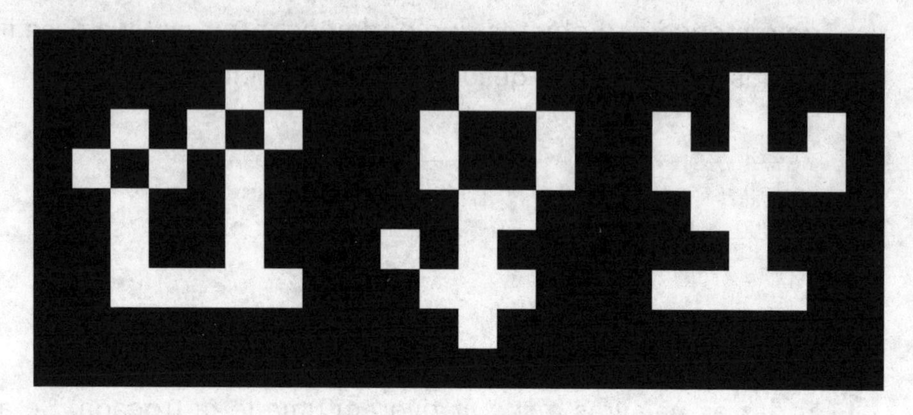

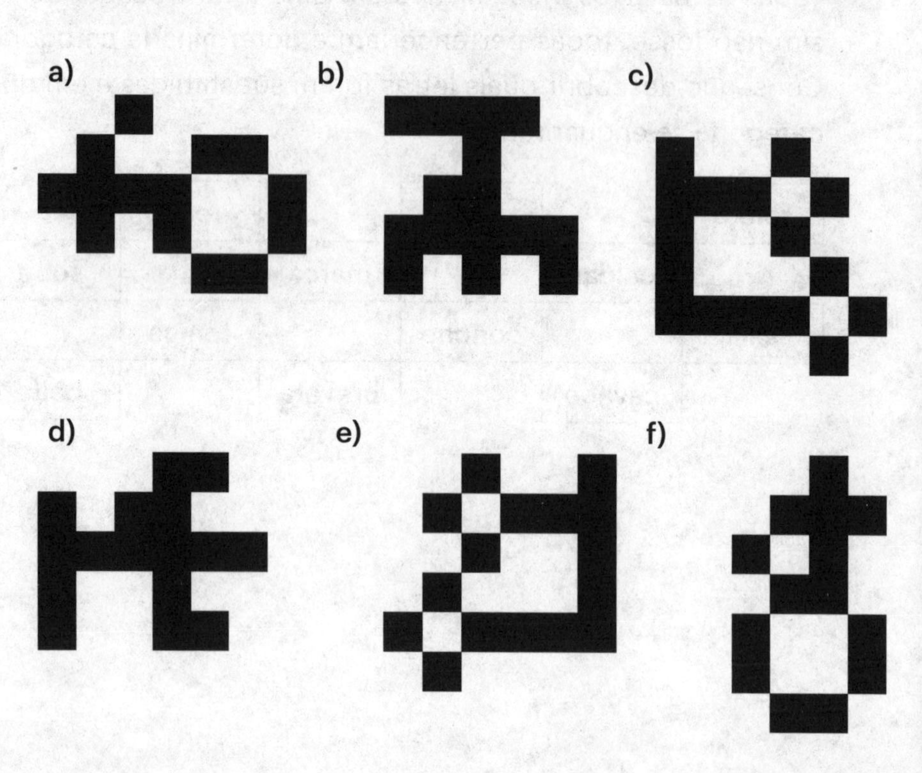

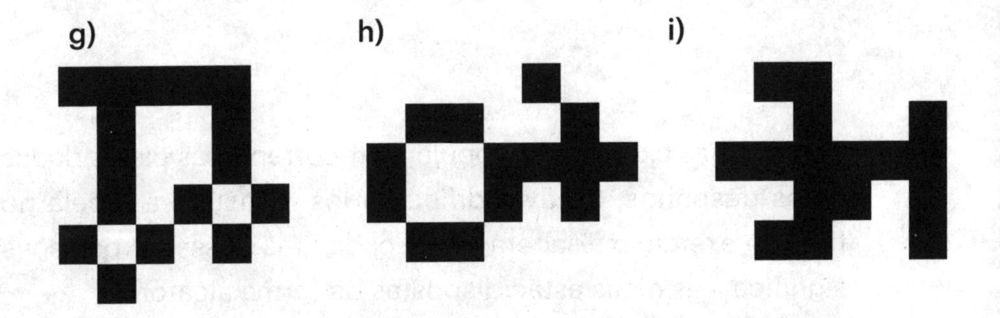
g)
h)
i)

Dia 6

1 Descubra as expressões populares recorrendo às pistas dadas pelos desenhos. Se tiver dificuldades, consulte a tabela no final do exercício e saberá o que cada uma dessas expressões significa – as dicas estão dispostas de forma aleatória.

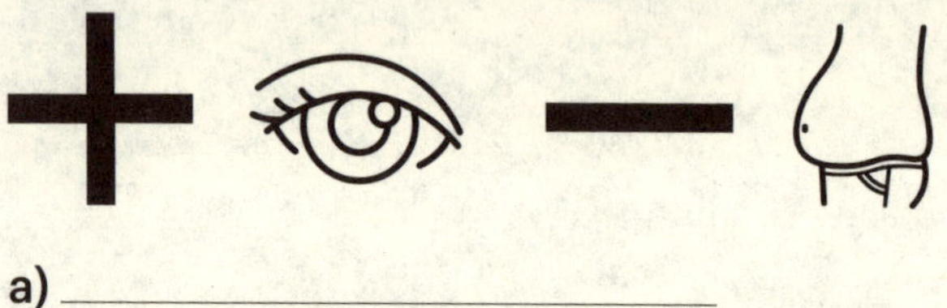

a) ______________________________

b) ______________________________

c) Nem que ______________________________

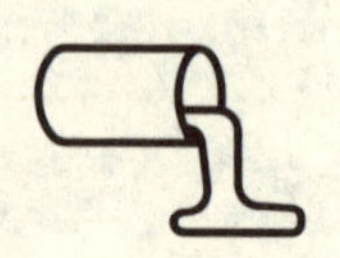

d) ______________________________

e) ______________________________

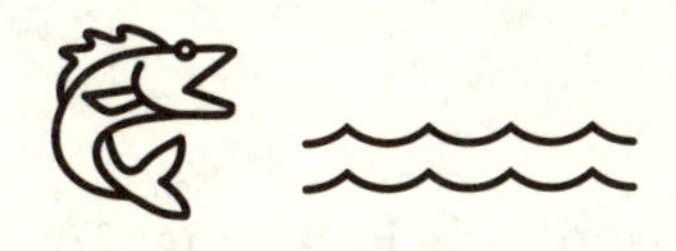

f) Como ______________________________

De jeito nenhum.	Estar à vontade.
Querer mais do que se consegue comer.	Ler muito.
Estar calado.	Lamentar o que aconteceu.

2 **Com as suas economias e algumas promoções, Paulo vai comprar quatro livros! Cada livro custará, em média, R$ 16,00. Nenhum deles tem o mesmo preço, e o mais caro está R$ 27,00, já com um desconto de 25%, e o mais barato custa R$ 12,00. Sabendo disso, classifique as opções em verdadeiras ou falsas:**

		V ou F
a)	Se um dos outros livros custar R$ 20,00, o outro custará R$ 10,00.	
b)	Os outros dois livros têm valores mais próximos da média.	
c)	O preço original do livro mais caro dava para comprar três livros iguais de valor igual ao do mais barato.	
d)	Se o livro mais barato tivesse custado R$ 16,00, e não R$ 12,00, a média de preço teria sido R$ 18,00.	
e)	Se todos os livros tivessem tido desconto de 25%, o valor médio teria sido R$ 10,00.	
f)	Em média, os outros dois livros dos quais não sabemos o preço são mais baratos do que a média dos preços dos livros mais barato e mais caro.	

Semana 5

3 Identifique a opção que substitui o ponto de interrogação.

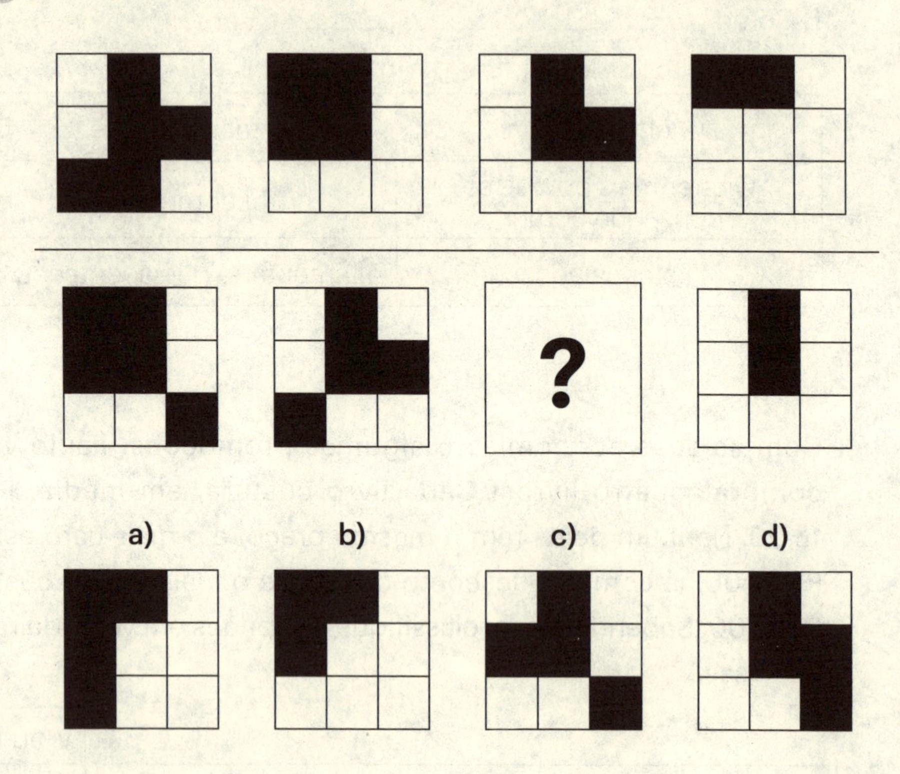

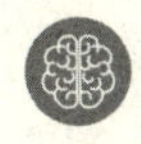

4 O que você anda comendo? É precisamente o que quero saber! Consegue se lembrar do que comeu ontem? E hoje? Tente recordar todos os alimentos que comeu em cada uma das refeições e aqueles que porventura beliscou fora delas! Com base nessa informação, preencha a tabela a seguir:

	Ontem	Hoje
Café da manhã	________ ________ ________	________ ________ ________
Almoço	________ ________ ________	________ ________ ________
Lanche	________ ________ ________	________ ________ ________
Jantar	________ ________ ________	________ ________ ________

Dia 7

1 Preste atenção nos padrões das próximas sequências. Identifique-os e descubra, entre os quatro desenhos da linha de baixo, qual completa a sequência:

a)

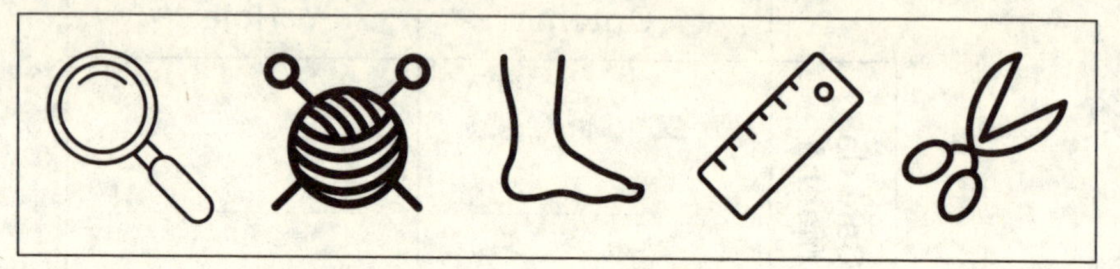

i. 

ii.

iii. 

iv. 

b)

i. 

ii. 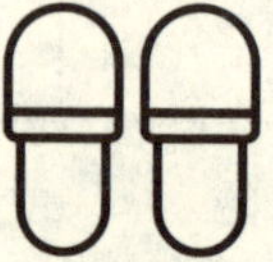

iii. 

iv. 

2 As palavras a seguir estão incompletas. Mas sabemos que o que falta a elas são números! Veja o exemplo na primeira linha e descubra quais são eles! Caso tenha dificuldade, observe as dicas, nas quais você poderá fazer contas para obter essa parte da resposta:

	PAL<u>MIL</u>HA
a)	TELE____LA
b)	LIQUI ____
c)	D____LAS
d)	OU____S
e)	CAS____
f)	GLI____IA

a) = b) – 1	d) = f) ÷ 5
b) = e) + 3	e) = c) – 4
c) = a) + 2	f) = b) × 10

Semana 5

3 **Resolva estes problemas, que ocupam a cabeça de Fernando.**

a) Nos últimos quinze dias, Fernando fez doze corridas. Alguns dias, chegou a correr duas vezes; outros, apenas uma vez, mas intercalou sempre esses dias. Assim, conseguiu cumprir seu objetivo: correr três vezes a cada quatro dias. Qual o número total de dias em que Fernando correu?

____

b) Durante o dia, Fernando fez 4 pausas no trabalho. O expediente começou às 9h00 e terminou às 18h30. Ele fez duas pausas de 15 minutos, uma de 40 minutos e uma de 10 minutos. Se retirarmos as pausas, quanto tempo trabalhou Fernando?

____

4 **Observe os elementos dos quadros. Agora, use a criatividade e crie desenhos diferentes em cada um deles!**

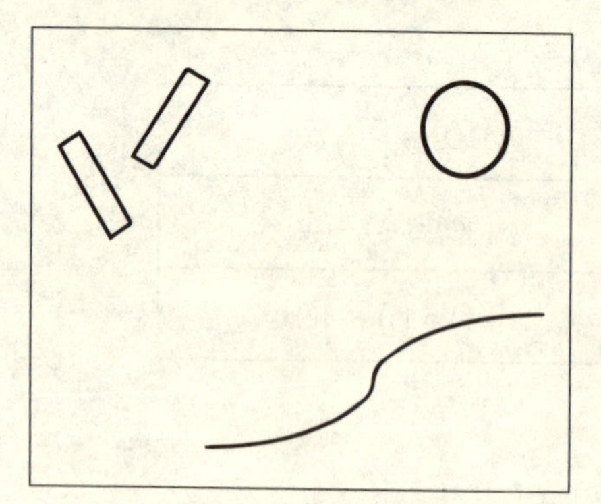

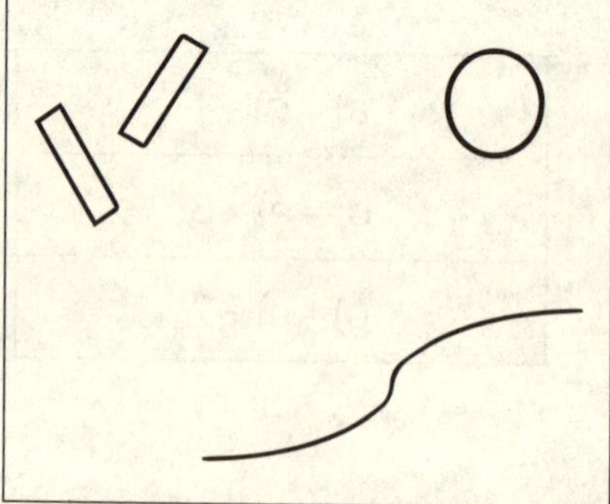

Dia 1

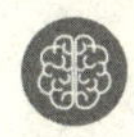

1 Na tabela abaixo, memorize as palavras e os números na posição em que se encontram. Você tem dois minutos:

verde	gratidão	18	medalha
25	tambor	alegria	branco
coragem	jogo	azul	14
19	esperança	volante	amarelo

2 Analise as afirmações a seguir e encontre a única constatação lógica entre elas:

- Para assar um bolo precisamos de farinha.
- Nem todos os bolos precisam de leite.
- Alguns bolos podem ser preparados sem ovos.
- Poucos bolos vão ao forno sem fermento.
- Algumas farinhas já têm fermento.

a) Alguns bolos são feitos sem ovos e sem leite.

b) Os bolos que levam fermento podem não levar ovos.

c) Todos os bolos que levam leite levam farinha.

d) Os bolos que têm farinha têm fermento.

e) Alguns bolos não têm nem leite nem fermento.

3 Descubra as palavras ocultas. A coluna do meio indica uma parte da palavra, que pode estar no início, meio ou fim, conforme evidenciado pelo esquema. Repare no exemplo, em que *real* é a palavra desconhecida, formando: ce<u>real</u>, sur<u>real</u>ista, <u>real</u>ce e <u>real</u>ização.

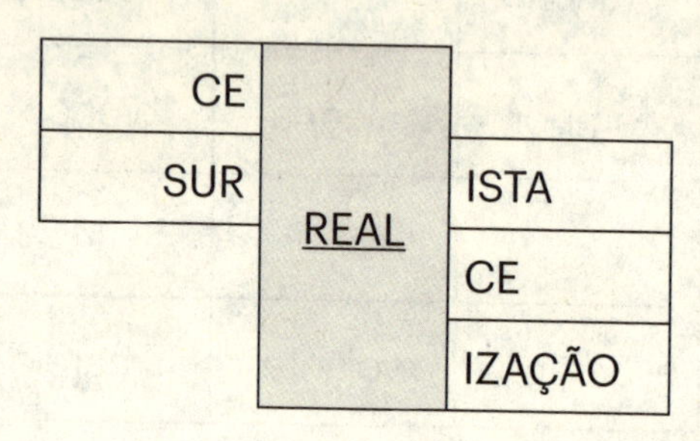

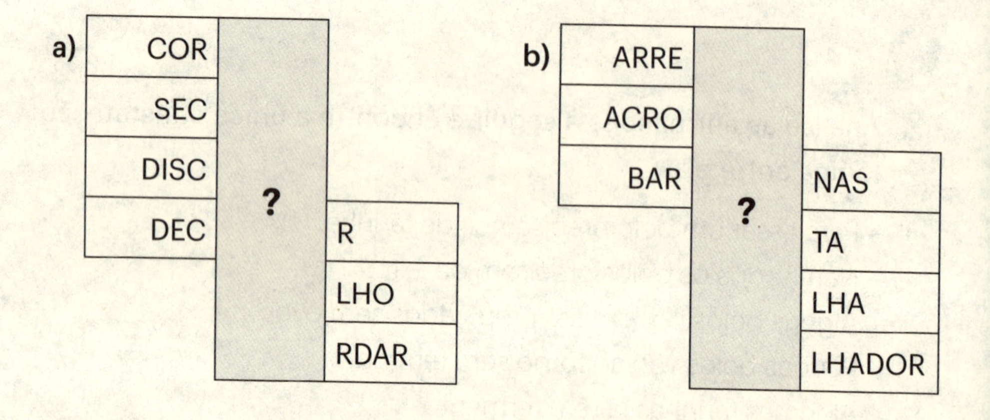

4 Os três quadrados a seguir estão incompletos. Identifique entre as opções aquela que completa cada um deles.

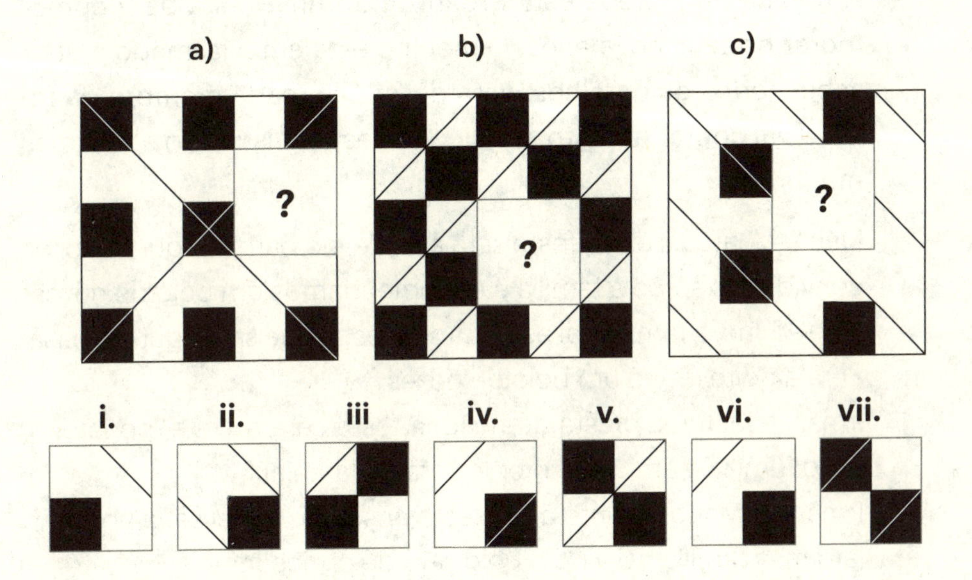

5 Lembra-se da tabela que pedi que você memorizasse? Tente recordar os elementos que estão faltando:

verde	________	________	medalha
25	________	alegria	________
________	jogo	________	14
________	esperança	volante	amarelo

Semana 6

Dia 2

1 A família de Mateus está organizando uma festa para comemorar os seus nove anos. O menino está entusiasmado e quer saber todos os detalhes. Para desafiá-lo, cada membro da família vai contar um fato verídico da festa, misturado a algumas mentiras:

Mãe: — Mateus, a sua festa será à tarde, no parque aqui perto, os convidados serão a família e encomendamos um bolo de nozes.
Pai: — Filho, a família vai estar na sua festa, que será aqui em casa. Será à noite e terá um bolo de nozes.
Irmã: — Mateus, presta atenção: a festa será à noite, no jardim, virão família e amigos e o bolo será de laranja!
Irmão: — Mano, quanto à sua festa posso dizer: vai ser à noite, no jardim, a família vai vir e o bolo será de chocolate.
Mateus pensou bastante e, para facilitar a análise, elaborou a seguinte tabela, que preencheu com as informações que lhe foram dadas:

	Período do dia	Local	Convidados	Bolo
Mãe				
Pai				
Irmã				
Irmão				

Foi assim que ele concluiu como será a festa. E você, também já sabe?

____

2 Mateus queria ter uma festa diferente, com detalhes inusitados. Algo que animasse os convidados e tornasse o dia único! Claro que não queria que os pais gastassem muito dinheiro, mas queria que fosse inesquecível! Consegue dar cinco sugestões que ajudem a família de Mateus a concretizar essa festa animada? Mateus tem interesses muito variados: esportes, música, leitura, dança, entre muitos outros. Veja o exemplo a seguir e dê asas à imaginação: organização de um karaokê para que todos possam cantar as músicas preferidas do aniversariante.

1. ____________________

2. ____________________

3. ____________________

4. ____________________

5. ____________________

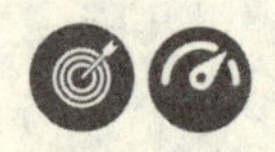

3 Agora, tenho uma tarefa aparentemente simples. Tente encontrar todos os "FA" no caça-palavras sabendo que podem estar de ponta-cabeça, mas as duas letras precisam estar na mesma direção. Tente não ultrapassar dois minutos. Para facilitar a tarefa, apresento as duas opções possíveis de "FA" que deverá encontrar:

FA **∀Ⅎ**

∀Ⅎ	FA	∀F	AF	FA	∀Ⅎ
☐	☐	☐	☐	☐	☐
∀Ⅎ	AF	FA	∀Ⅎ	∀F	∀Ⅎ
☐	☐	☐	☐	☐	☐
FA	Ⅎ∀	F∀	∀F	∀Ⅎ	Ⅎ∀
☐	☐	☐	☐	☐	☐
Ⅎ∀	FA	∀Ⅎ	∀Ⅎ	∀Ⅎ	∀F
☐	☐	☐	☐	☐	☐
FA	Ⅎ∀	AF	FA	ℲA	∀F
☐	☐	☐	☐	☐	☐

4 Repare na figura a seguir e tente captar a sua lógica. Ao entendê-la e fazer os cálculos necessários, não terá dificuldades para preencher os dois quadrados em branco!

2	9	7	5	4
11		12	9	4
27	28	21	14	
55	49			
104	102			

Dia 3

1 Neste exercício, você precisará encontrar expressões que transmitam as mesmas ideias dos provérbios abaixo. Repare nas palavras sublinhadas: você poderá optar por mudá-las por outras. Mas o melhor mesmo é conseguir alterar toda a frase para uma com a mesma ideia. Tente fazer isso para, pelo menos, três deles. Por exemplo, o provérbio "Não dá quem tem, dá quem quer bem" poderia ser substituído por "Na arte de oferecer, o que importa é que haja querer".

E não se esqueça de separar um minuto para memorizá-los!

A pressa é inimiga da perfeição. ____
As pessoas acham que o tempo passa, mas o tempo acha que as pessoas passam. ____
Entre o dizer e o fazer há um longo caminho a percorrer. ____
Lugar de dia perdido, nunca é preenchido. ____
Para um bom mestre não há má ferramenta. ____
Língua ajuizada é sempre moderada. ____

2 Preencha os quadrados em branco de modo a completar as sequências:

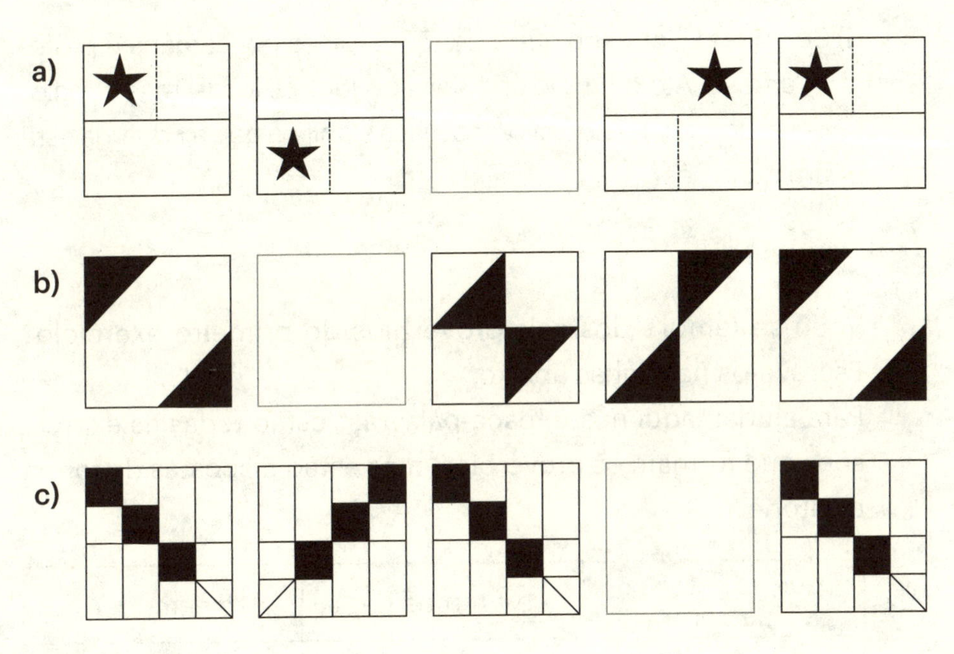

3 Eduarda adora ler romances de época. Neste momento, ela tem quatro livros para ler. O número de páginas de cada um deles é o seguinte: 278, 329, 410 e 293. Com base nessas informações, responda:

a) Quantas páginas restam para Eduarda ler? ______________

b) Ela tem o hábito de ler cerca de 20 páginas por dia, mas queria aumentar o ritmo e estabeleceu como meta ler 168 páginas por semana. Quantas páginas ela precisará ler a mais por dia?

____

c) Nem sempre Eduarda vai conseguir cumprir sua meta literária das 168 páginas semanais. Alguns dias são muito difíceis, e para

Semana 6

ela é quase impossível conseguir ter tempo de ler às segundas e terças-feiras. Esses dias sem ler serão compensados às sextas, aos sábados e aos domingos. Assim, quantas páginas Eduarda precisará ler no sábado? ____________

d) Se Eduarda ler a um ritmo de 150 páginas por semana e proferir a frase "Até o fim do ano consigo ler três livros, mas o maior deles começarei no novo-ano", isso significa que a Eduarda está em qual mês? ____________

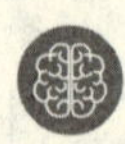

4 **Você se lembra dos seis provérbios do primeiro exercício? Escreva-os nas linhas abaixo.**

Para ajudar, aqui neste "caça-palavras" estão todas as expressões que formam os provérbios, mas estão dispostas de forma aleatória.

que as pessoas passam	que o tempo passa	a percorrer
e o fazer	as pessoas acham	é inimiga
a pressa	nunca é preenchido	é sempre moderada
há um longo caminho	língua ajuizada	mas o tempo acha
dia perdido	para um bom mestre	entre o dizer
não há má ferramenta	da perfeição	lugar de

____

____

____

____

____

Dia 4

1 Neste caça-símbolos você deve encontrar o percurso que respeite a sequência de símbolos indicada movendo-se apenas na horizontal e na vertical. Identifique o símbolo ao final do percurso. Para ajudar, já comecei o trajeto.

Sequência:

2 Cristina guardou alguns dos seus bens pessoais em um cofre em casa. Como é muito esquecida, anotou a combinação no caderno com outras. Sabe que, quando olhar para elas, conseguirá saber qual é o código logo após repassar o memorando que guardou em outra página. Analise o conjunto de códigos e o memorando e descubra qual é a verdadeira combinação do cofre:

Códigos	OIX7	EA7XI	EX7O	8OXD	O8XE	10O8X
Memorando	Romanos só um, o dez e mais nenhum. Da sequência das vogais, o meu nome duas tem, mas só as que individualmente lhes sucedem relevância têm. O meu nome muito me encanta, por isso cada letra dele conta!					

Já sabe qual é o código? ____________

3 **Com base nestas informações:**

- 2 bananas pesam tanto quanto 4 maçãs;
- 3 peras pesam tanto quanto 2 maçãs;
- 3 maçãs pesam tanto quanto 15 morangos;
- 2 peras pesam tanto quanto 14 cerejas.

Podemos concluir que:

a) 3 bananas pesam tanto quanto ________ morangos;

b) 4 maçãs pesam tanto quanto ________ cerejas;

c) 30 morangos pesam tanto quanto ________ cerejas;

d) 9 peras pesam tanto quanto ________ bananas.

4 Às vezes, quando sai para caminhar, você se depara com situações inusitadas! E foi precisamente uma cena caricata que você presenciou no outro dia. Uma senhora esbelta, com um longo e vistoso vestido de noiva, descia a rua, com dois enormes cães pretos, um de cada lado. Na mão, ela levava um cesto de maçãs. Você logo imaginou várias histórias para essa cena peculiar. Agora você só precisa relatar uma delas.

____

____

____

____

Dia 5

1 A seguir, há vários conjuntos de palavras e você terá que formar uma palavra com uma letra de cada uma delas, ordenadas verticalmente, na sequência em que se apresentam. Por exemplo, neste esquema encontramos o objeto "COPO".

CUBO
RISOS
PRIMA
ZELO

Seguindo o exemplo, encontre as palavras indicadas nos enunciados abaixo. Se tiver dificuldade, e só nesse caso, veja as pistas no quadro no final do exercício. Caso contrário, tape-o.

a) um fruto

ÂNIMO
LUGAR
MANTA
TRIGO
FENDA

b) um objeto

FÉRIAS
ÓCULOS
LENÇO
INVEJA
POMBAL

c) um país

MORANGO
PEDRA
PRÉDIO
CINTO
SINO
PAPEL

d) uma cidade portuguesa

CAVES
ÁCIDO
SOLENE
CREME
FUROR

a)	Fruto de caroço grande e polpa amarela.	b)	Utensílio cônico.
c)	País do sudeste da Europa.	d)	Cidade da região central.

2 Olhe com atenção para a seguinte figura. Quantos triângulos consegue encontrar nela? Há mais triângulos ou quadrados?

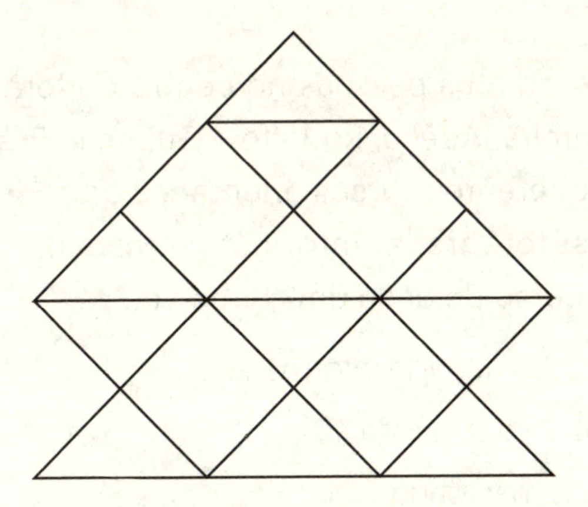

Sugestão:
Comece contando os triângulos maiores, seguindo uma lógica decrescente até chegar aos menores. Anote o número de triângulos que encontrou de cada tamanho e, ao final, some-os.

Semana 6

3 Eduarda frequentou, recentemente, um curso de inglês de nível intermediário. Foi um curso exigente que durou algumas semanas. O horário das aulas alternava entre uma semana apenas de manhã e outra semana apenas de tarde. Quantas semanas durou o curso sabendo que o número total de manhãs correspondeu a 60%? ___________

4 Eduarda conheceu as seguintes pessoas no centro de formação que frequentou: Zulmira, Adélio, Rodolfo e Guiomar. Esses colegas frequentavam diferentes cursos orientados de acordo com suas preferências: fotografia, informática, espanhol e marketing. Qual será o curso de cada um? Sabe-se:

– Adélio não gosta de línguas nem de informática;

– Zulmira adora fotografia e informática;

– Rodolfo não é chegado a marketing;

– Guiomar só se interessa por marketing.

Adélio: ___________

Zulmira: ___________

Rodolfo: ___________

Guiomar: ___________

Agora vou apresentar você ao mapa do centro da cidade Maravilha. Observe-o com atenção e repare na legenda. Tente memorizar os detalhes, os veículos que circulam por ele e os diferentes edifícios, e, em seguida, responda às questões.

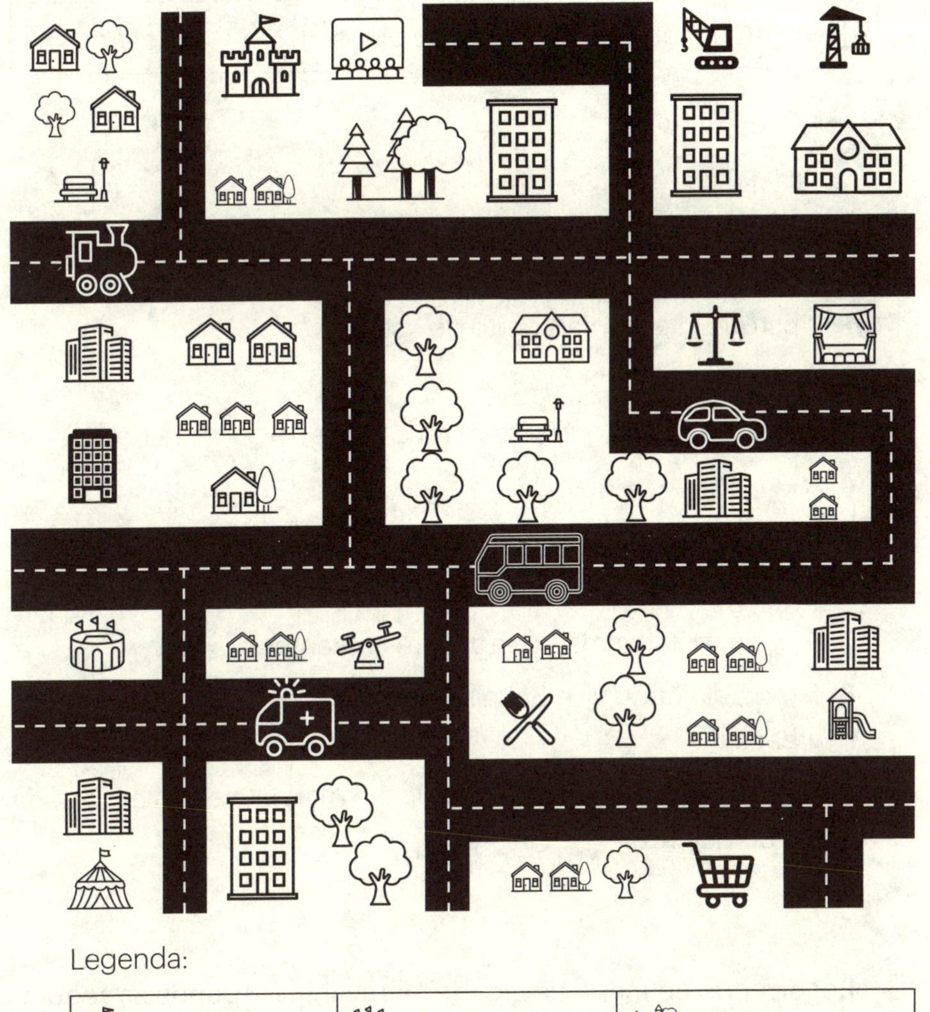

Legenda:

castelo	estádio	floresta urbana
circo	jardim público	automóvel

supermercado	escola	ambulância
restaurante	cinema	ônibus turístico
parquinho	teatro	ônibus
parquinho	zona de obras	prédios
tribunal	zona de obras	casas

1 **Você tem três minutos para assinalar os pontos no mapa respeitando esta sequência:**

1. O parque infantil mais perto do estádio;

2. O castelo;

3. A casa da Joana, que só tem uma janela na parte da frente;

4. A escola;

5. O edifício que fica entre o teatro e a escola;

6. O prédio onde vive Vasco, que é um edifício pintado de preto;

7. O jardim público mais perto do restaurante;

8. A moradia onde vive Belmiro, que é a mais próxima da floresta urbana;

9. O prédio onde vive Zacarias, que é o mais alto e fica ao lado de um parquinho.

2 **Recorrendo ao mapa da cidade Maravilha, responda às seguintes questões:**

a) Para chegar à sua casa, vindo do supermercado, Antônio faz o seguinte percurso:

- sai do supermercado, vira à esquerda;
- ao final da rua, vira à direita;
- vai dar em um entroncamento ao final da rua, no qual dá ¼ de volta à esquerda;
- corta na primeira à direita;
- no entroncamento, vira à esquerda;
- corta na primeira à direita;
- a sua casa fica do lado esquerdo da rua, de frente para a estrada.

Onde vive Antônio? ____________

b) Ao sair do cinema, Julieta fez o seguinte percurso:

- ao final da rua do cinema virou à direita;
- quando chegou ao cruzamento, virou à direita;
- cortou na primeira à esquerda;
- no entroncamento deu ¼ de volta à direita;
- virou na primeira à esquerda;
- entrou no edifício que se encontrava à sua esquerda no início dessa rua.

Para onde foi Julieta? ____________

Semana 6

3 **Com base no mapa, descreva os seguintes percursos:**

a) A ambulância está a caminho do hospital. Qual é a opção mais rápida? Descreva-a.

____

____

____

b) O ônibus turístico tem como objetivo chegar ao circo. Descreva o percurso mais rápido para lá chegar:

____

____

____

4 **Com base no que se recorda do mapa, identifique:**

a) Dos símbolos a seguir, qual não encontramos no mapa:

b) Da esquerda para a direita, os veículos que se encontravam no mapa eram:

ônibus turístico ____________ ____________ ____________

5 **É possível identificar no mapa uma zona com obras. Com base no mapa da cidade Maravilha, que edifício/construção poderá ser construído? Consegue dar três sugestões?**

____

____

____

____

1 Seguindo a mesma lógica das palavras da linha superior, descubra as incógnitas. O número de letras corresponde ao tracejado. Veja este exemplo, no qual a palavra *porta* se transformou em *porte* (o "a" passou a "e"), motivo pelo qual a palavra *dados* seguirá a mesma regra e dará origem à palavra *dedos*.

porta	porte
dados	dedos

a)

solidário	solitário
emenda	_ _ _ _ _ _

b)

cúmulo	túmulo
escudo	_ _ _ _ _ _

c)

golos	gorros
bolacha	_ _ _ _ _ _ _ _ _

d)

pipocas	pipas
gatunos	_ _ _ _ _

2 Vamos agora descobrir a ponte que nos falta. No exercício a seguir, está faltando a palavra da coluna do meio, sendo ela um sinônimo das duas que encontramos na mesma linha, embora a da primeira coluna não seja um sinônimo da palavra da última coluna. Confuso? Veja o exemplo:

	Palavra incógnita	
enfeitar	decorar	memorizar
diferente		ilustre
ando		percurso
acesso		aperitivo
corrente		prisão
atual		prenda
liso		projeto
tacão		pulo
assear		secar

3 Nesta balança há três tipos de abóbora: umas grandes, outras médias e outras pequenas. Repare com atenção:

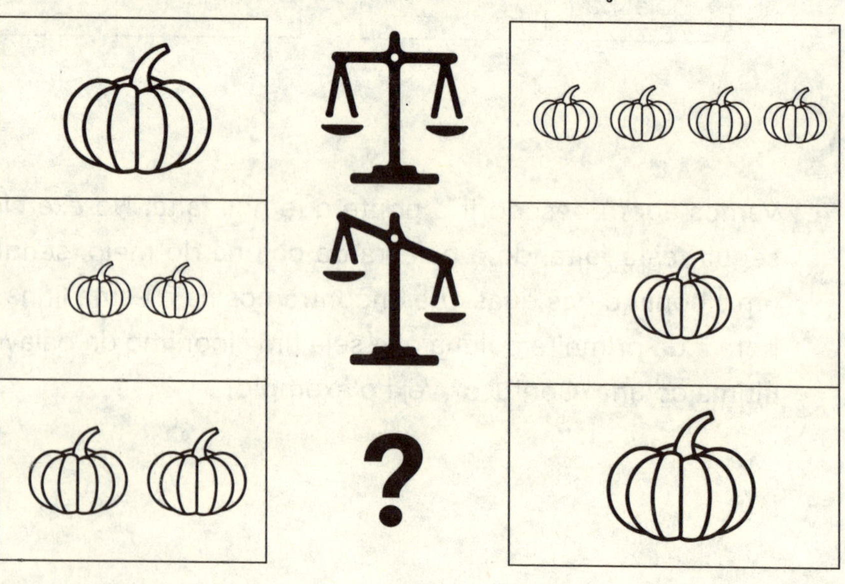

Qual balança substitui o ponto de interrogação?

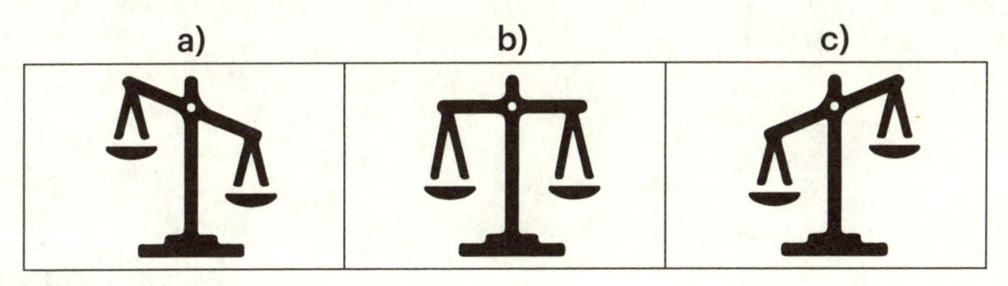

4 Neste desafio, você deverá descobrir a palavra enigma. Para isso, organize as colunas por ordem crescente de acordo com o número que representam, obtendo assim a ordem correta das letras. Tente não demorar mais do que um minuto.

Veja o exemplo:

Números	**VI**		**oito**	**2**
Letras	**L**	**E**	**A**	**V**

2 < 4 (maçãs) < 6 (numeração romana) < 8 (oito); logo, trata-se da palavra VELA.

	VII		✱✱✱✱ ✱✱✱✱	**6**	**IX**	**quatro**
U	**I**	**S**	**M**	**L**	**E**	**B**

Dia 1

1 **Como anda a sua perspicácia? Espero que afiada para conseguir resolver os seguintes desafios:**

a) São dois amigos: Júlio e Julião. Júlio é baixinho, já Julião é grandão. O alimento preferido de Júlio é leite. Já o de Julião é de fácil dedução se prestou a devida atenção. ____________

b) Na floresta da Vaidade há vários animais que dão grande importância à aparência. Há uma fêmea que faz girar a cabeça de todos. Há outra que dizem ter o instrumento certo para embelezar o cabelo. Há ainda um macho que em tempos passados era considerado muito bonito, mas que com a idade acabou sendo superado pelos mais jovens. Mas ele sabe que já teve algum valor no nível da beleza. Que animais são esses? ____

2 **Descubra os provérbios e expressões populares a partir das dicas dadas pelos desenhos.**

a) Em ____________________________________

 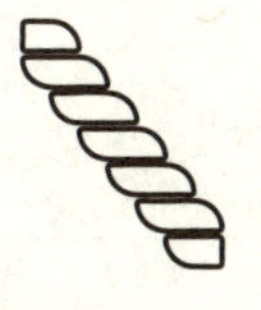 

b) De ____________________________________

c) Em ______________________________

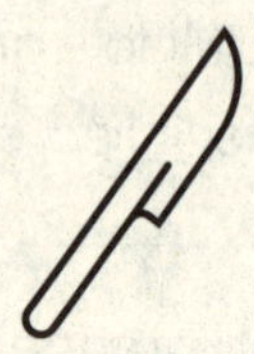 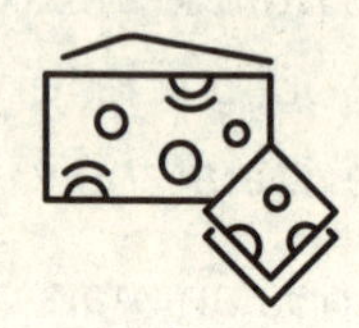 

d) Ter a ______________________________

e) Ter ______________________________

f) Dançar ______________________________

g) Dar ______________________________

3 Selecione a opção que mais se ajuste aos exemplos:

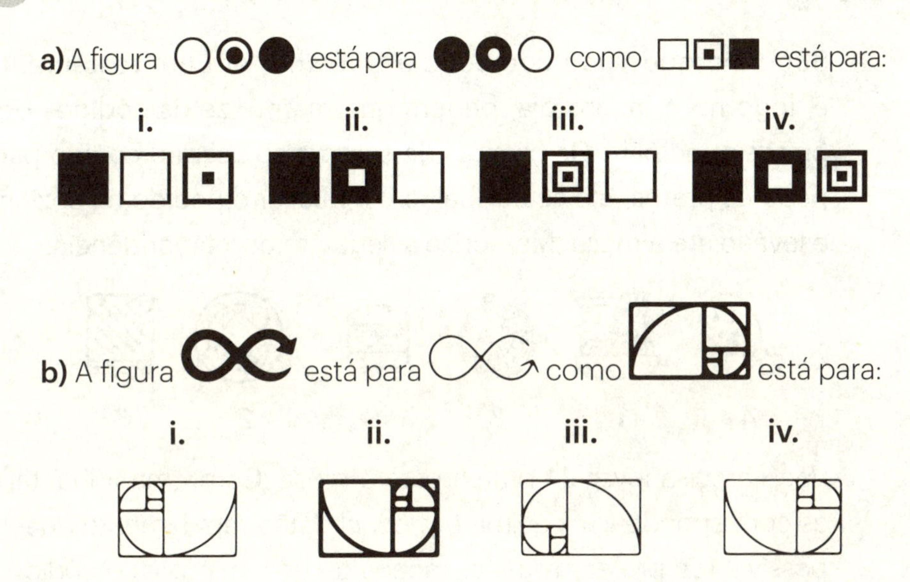

4 O casal Clarisse e Renato está planejando um jantar, mas os dois ainda não sabem muito bem quem vão convidar. Eles têm uma mesa de 8 lugares e podem juntar mais uma mesa com 4 lugares. Se convidarem os familiares mais chegados, poderão chamar mais 3 amigos. Mas, se chamarem os amigos mais próximos, poderão convidar 5 familiares. Quantos familiares mais chegados e amigos mais próximos tem o casal?

____

Dia 2

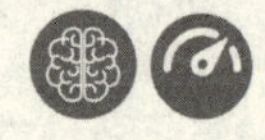

1 Suponha que você começou a trabalhar em um restaurante e, logo no primeiro dia, pedem que memorize os códigos dos pratos principais. Os clientes de sempre só usam o código para pedir os pratos, e o seu trabalho é ir buscar o pedido na cozinha e levá-lo até a mesa. Memorize a seguinte correspondência:

Você precisa levar 24 pratos para a mesa. Com uma folha, tape as correspondências acima e preencha, tão rapidamente quanto possível (de preferência, em menos de dois minutos) o código a que corresponde cada um destes pratos. Bom trabalho!

2 Somando a informação de cada retângulo inicial, você obterá um número no terceiro retângulo. Para se desafiar um pouco mais, tente chegar à solução apenas mentalmente, sem desenhar.

Exemplo:

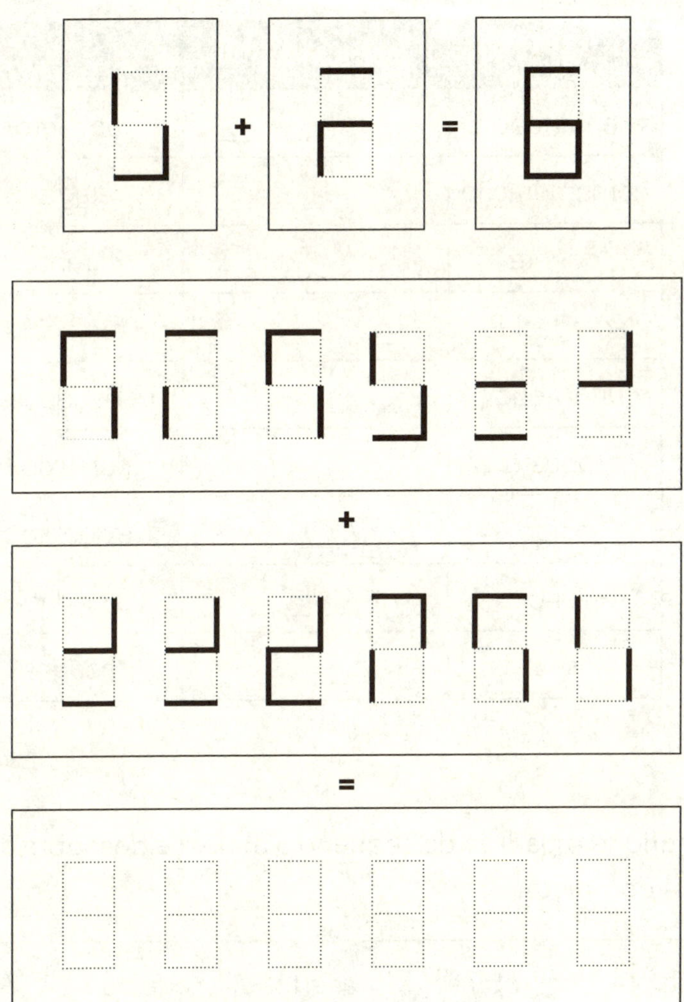

Semana 7

3 Vamos agora descobrir a ponte que nos falta. Neste exercício, precisamos preencher a coluna do meio, cujas palavras são sinônimos das que encontramos na mesma linha, embora a da primeira coluna não seja sinônimo da palavra da última coluna.

	Palavra incógnita	
enfartado	______________	completo
comemoração	______________	afago
doente	______________	sereno
agradecido	______________	forçado
indivíduo	______________	dependente
robusto	______________	corajoso
nítido	______________	evidente
silencio	______________	calosidade
linha	______________	perigo

4 Identifique o padrão da sequência abaixo e descubra a palavra que a completa:

batota	obras	acerto	edema	feijão

a)	b)	c)	d)
afago	tarifa	igual	oferta

1 Três amigos ciclistas queriam descobrir o caminho mais interessante para percorrerem em conjunto. Para isso, decidiram que cada um faria um trajeto diferente para depois escolherem aquele que tivesse a maior velocidade média.

- Vasco começou seu trajeto de 30 km às 18h15 e terminou às 20h15;
- Hélder iniciou o percurso às 16h45 e o terminou 27 km e 1h30 depois;
- Antônio começou três quartos de hora antes de Hélder terminar e acabou os seus 40 km um quarto de hora antes de Vasco completar o seu.

Qual foi o percurso escolhido? ______________________

2 Desenhe a figura simétrica em relação aos eixos vertical e horizontal. Veja o exemplo:

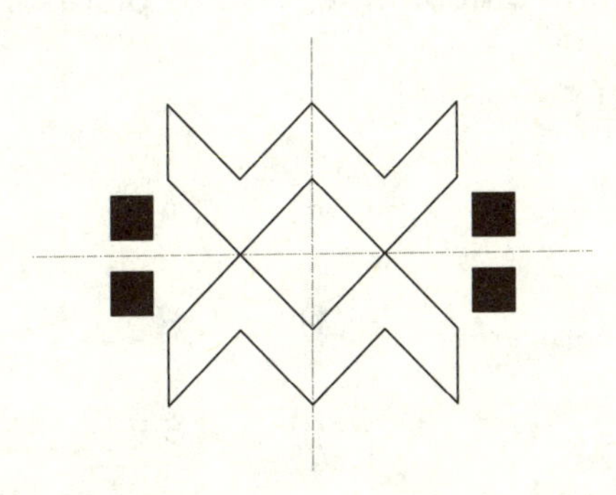

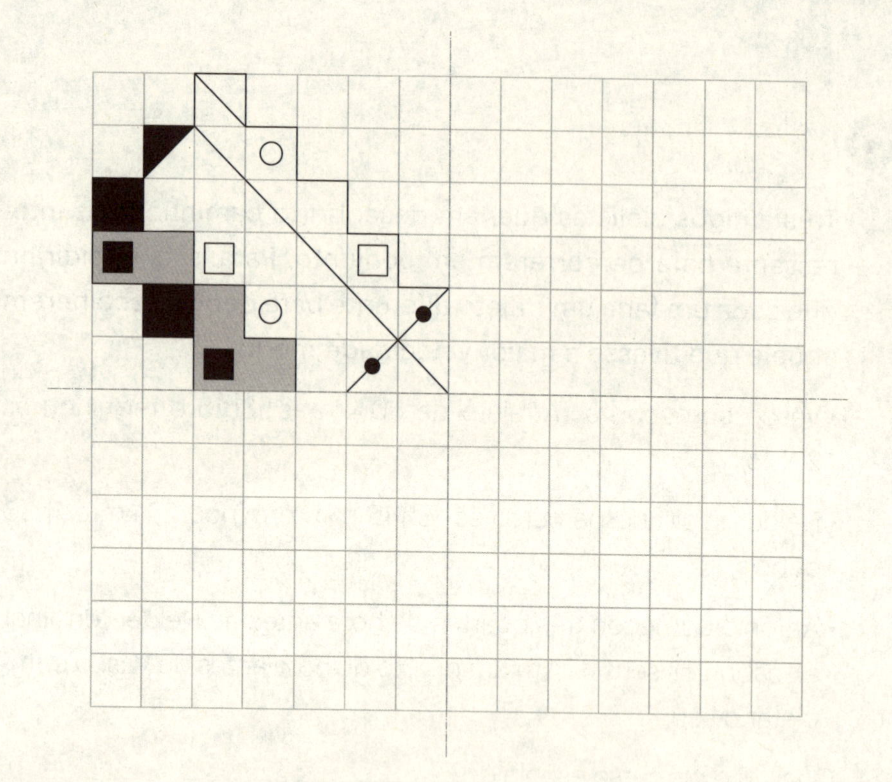

3 As palavras a seguir estão incompletas. Mas sabemos que o que falta a elas são nomes de mulheres! Veja o exemplo na primeira linha e descubra-os! Cada traço corresponde a uma letra. Caso tenha dificuldade, veja as pistas a seguir:

S I R E N E

a) **F _ _ _ _**

b) **I N _ _ _ _ _**

c) **P O _ _ _**

d) **I B _ _ _ _ _**

e) **C Â _ _ _ _**

f) **C H _ _ _ _**

g) **A S P _ _ _ _ _**

h) **_ _ _ _ _ R C E**

a)	Interrupção	e)	Aposento
b)	Ausência de sono	f)	Habitante de certo país asiático
c)	Texto em verso	g)	Medicamento usado como analgésico
d)	Relativo à península a que Portugal pertence	h)	Base de uma construção

4 Depois de muito hesitar, chegou o momento em que decide arriscar: é hoje que você vai criar seu próprio negócio. Esse negócio, de uma área de sua escolha, tem como mascote um girassol. É um negócio inovador, com nome original e que promete revolucionar o mercado! Descreva o seu negócio, nome, características, slogan, público-alvo e tudo aquilo que a sua imaginação conseguir alcançar! Bom trabalho!

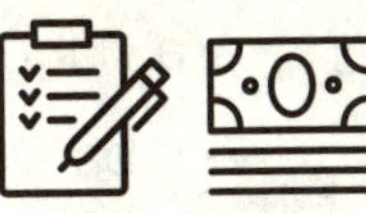

____

____

____

____

____

____

____

____

Dia 4

1 **Manuela vai acordar muito cedo para ir à cidade comprar os presentes de Natal. Há um longo dia esperando por ela, trazendo com ele alguns desafios e enigmas:**

a) Quando acordou, ela abriu a sua gaveta de echarpes. Teve o cuidado de manter o quarto escuro, para não acordar o marido. Tem sete echarpes: duas cor-de-rosa, duas verdes e três azuis. Quantas echarpes ela deve retirar da gaveta de forma a assegurar que tire uma de cada cor? ___________

b) Se Manuela pretender pegar duas echarpes de cores diferentes, qual é o mínimo de peças que deverá tirar? ___________

c) Manuela fez depois uma viagem de ônibus. Ao longo do percurso sentaram-se ao seu lado pessoas diferentes. Considerando os seguintes dados:

- a viagem demorou 6 horas;
- o banco ao seu lado nunca esteve vazio;
- ninguém esteve ao seu lado mais de 2 horas;
- ninguém esteve ao seu lado menos de 1h20;
- aos 180 minutos da viagem, a pessoa que estava sentada ao seu lado saiu.

Quantas pessoas se sentaram ao lado da Manuela durante a viagem? ___________

d) Durante a viagem de ônibus, Manuela pensou nos presentes que ia dar aos afilhados. Ela tem três, e o marido, quatro, sendo dois afilhados de ambos. Ela vai dar um presente para cada um deles, sejam da sua parte, da parte do marido, ou de ambos. Quantos presentes ela deve comprar? ___________

2 Identifique, nas palavras que se seguem, qual a primeira e a última letra, tendo como base a ordem alfabética. Para resolver, risque em cada palavra a letra que vem primeiro no alfabeto e assinale de forma diferente a que está em último.

Veja o primeiro exemplo e tente demorar menos de três minutos nesta tarefa.

> **Nota:**
> Se uma das letras a assinalar se repetir, opte por só assinalar uma delas.

C O Z E R	B O C E J O	S E M E N T E
P O R T A L	M I O P I A	Q U I N T A L
G Ó T I C O	T R U N F O	E N T U L H O
O M B R O S	O R I G E M	V E Í C U L O
P Á G I N A	D O R M I R	J U S T I Ç A
M Á G I C A	Í N D O L E	O U V I D O S

3 Repare no seguinte esquema de números. Descubra as relações entre eles e preencha os quadrados brancos com os valores que faltam:

									18		
		4			4	17			23		
	3	2			6	9			46		
	1	2			10	18			5	21	
2	4	8	14		32	44	58	74	92	112	134
12	5		12			8		7			5
6	3		9			11		3			2
	6		35			63					15
	18							91			156

Semana 7

4 Preencha os espaços com a mesma palavra em cada uma das linhas de modo a que se formem novas palavras com sentido.

MÁSCARA	**CARAMELO**
RETÓ ________	________CHETE
PERGA________	________CAS
TERRA________	________ÇÕES
DES________	________SSEIRO
GAI________	________ÇÃO
METÁ________	________GIDO
CON________	________MENTO
ABSO________	________DORA
ESTAND________	________SANATO
DES________	________DELO

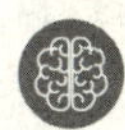

1 Hoje é dia de ir ao supermercado com a lista que você encontrará abaixo. Tente decorá-la em, no máximo, 90 segundos. Talvez você a perca e seria conveniente conseguir se lembrar do que precisa comprar:

brócolis	frango	cogumelo	pão
leite	laranja	guardanapo	arroz
biscoito	tomate	beringela	sardinha
banana	xampu	presunto	queijo

Sugestão:
Uma mnemônica que poderá aplicar neste exercício é a do agrupamento de informação. Dessa forma, tente memorizar pequenos grupos, de acordo com o tipo de produto (legumes, fruta, laticínios etc.).

2 Como anda a sua perspicácia? Espero que afiada, porque só assim conseguirá responder aos seguintes desafios:

a) Qual é o animal que termina em é e não é o jacaré? ____________

b) Qual é a divisão que, se em uma casa existirem dois, justifica dizer que é uma casa pela metade? ____________

c) Qual é o adorno que passa a vida a brincar? ___________

d) Qual é a peça de roupa que é o resultado da mistura de um canídeo com um primata? ___________

e) Qual é a língua que é mais próxima da mãe do que do pai? ___________

f) O que é que podemos encontrar no Sistema Solar e na Tabela Periódica? ___________

3 Observe o esquema abaixo: usando como base os números identificados, descubra o número que corresponde à tulipa. Tenha em mente que todos os símbolos correspondem a um valor inteiro positivo.

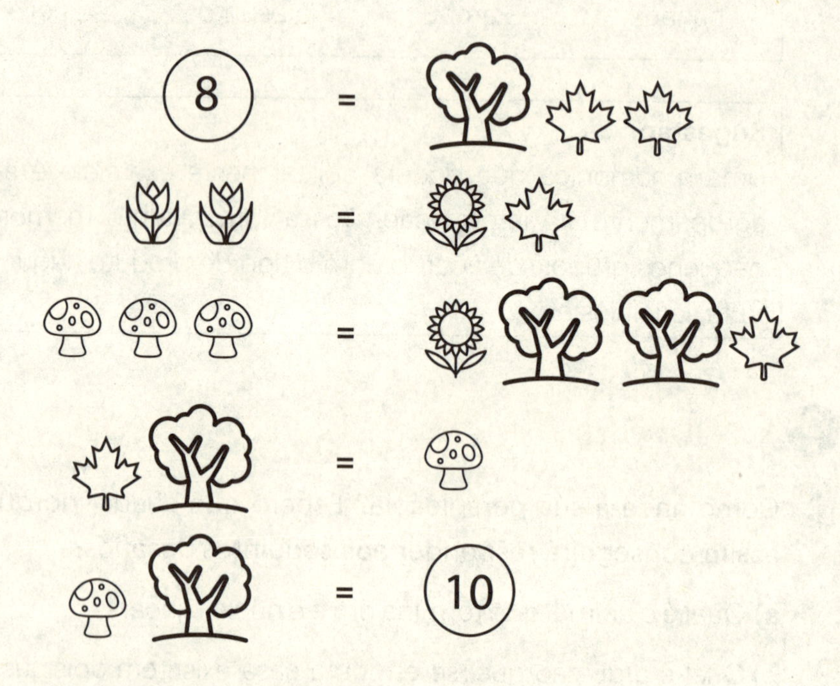

4 Repare na figura a seguir. Das opções abaixo, somente uma corresponde a uma rotação dela. Descubra qual é:

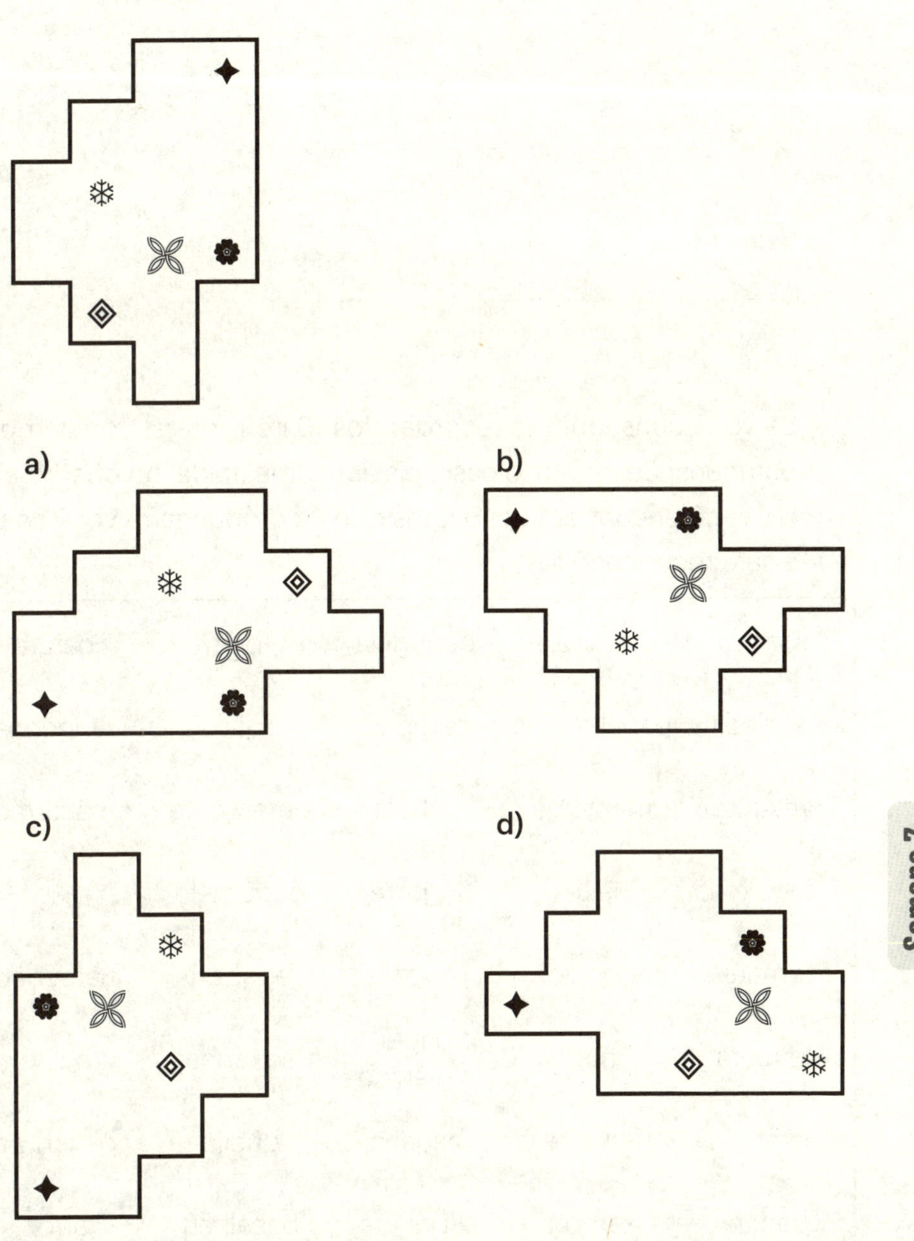

Semana 7

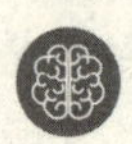

5 E eis que o inesperado acontece e, em pleno supermercado, você não encontra a sua lista de compras. Tente se lembrar dos 16 itens da lista:

__________ __________ __________ __________

__________ __________ __________ __________

__________ __________ __________ __________

__________ __________ __________ __________

Se você conseguiu se recordar dos 16 itens da lista de compras, parabéns! Se não foi o caso, eis aqui uma ajuda: no quadro abaixo, você encontrará os 16 itens que a compunham. Você só precisará reconhecê-los.

biscoito	limão	beringela	bife	batata
ervilha	papel-toalha	carapau	pão	tangerina
presunto	manteiga	cebola	detergente	macarrão
linguiça	leite	iogurte	cogumelo	maçã
tomate	pepino	brócolis	abacaxi	guardanapo
cenoura	frango	papel higiênico	sardinha	milho
laranja	fiambre	banana	queijo	pimentão
bacon	xampu	sabonete	bacalhau	arroz

Dia 6

1 Tente descobrir as palavras abaixo usando os desenhos como pista.

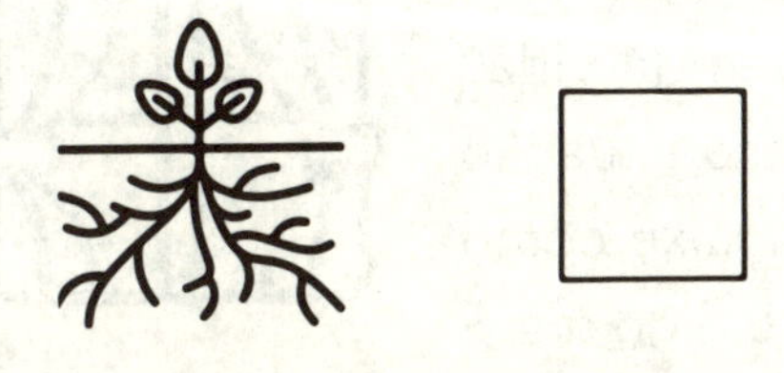

a) ____________ ____________

b) ____________ ____________

c) ________________________

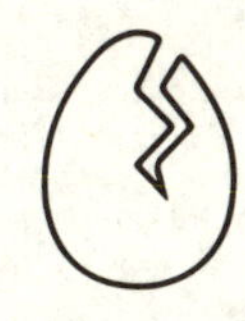 

d) ____________ ____________

e) ____________ de ____________

2 Não há duas vistas iguais. Duas janelas, mesmo que próximas, nunca oferecem o mesmo campo de visão. Já passou pela sua cabeça que esse pensamento é válido para várias situações da vida? Você consegue descrever uma situação em que essa metáfora se encaixe como uma luva? Com certeza sim! E digo mais: a maneira como uma pessoa encara a vida não é a mesma aos 20 anos e aos 40 anos.

____

____

____

____

____

____

____

____

3 Matilde é muito curiosa. Recentemente, perguntou a Vera quanto tempo fazia que ela começara a namorar o marido, havia quanto tempo ficara noiva e havia quanto tempo estava casada. Vera não quis deixar Matilde sem resposta, mas não também não a deu de bandeja. Aqui está o que ela disse: "Comecei a namorar o meu marido há três vezes o número de anos que estou casada. Daqui a dois anos, teremos começado o nosso namoro há quatro vezes o número de anos que estivemos noivos. Ah, fiquei noiva dois anos antes do casamento. Tem a resposta à sua pergunta, Matilde". Será que você consegue descobrir a resposta para as perguntas de Matilde?

____

____

4 A seguir, há algumas informações sobre a família Sobreiras Miranda. Você deverá usá-las para preencher a árvore genealógica dela:

- Maria tem apenas duas filhas;
- Moisés é casado com a filha do avô de Benedita;
- Bruno, Martim e Branca têm os mesmos quatro avós;
- Vítor é sogro de Afonso;
- Os pais de Joaquim são sogros de Cátia;
- Isabel é mãe da mãe de Juliana;
- Juliana e Benedita são primas de Bruno, mas não de Tiago;
- Marina é filha dos avós de Branca.

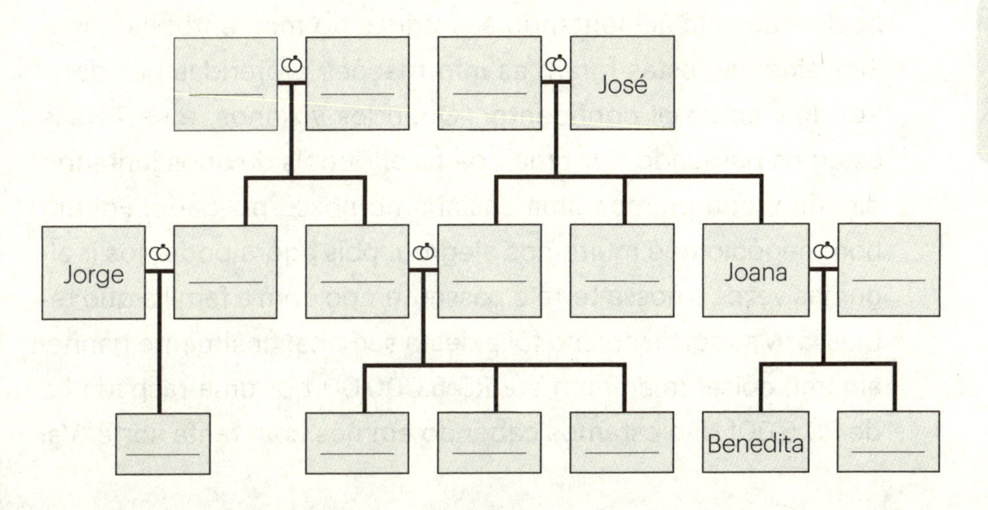

Semana 7

Dia 7

1 O bairro onde moram o senhor Tobias e a esposa, dona Rosalina, sofre com um problema muito comum em muitas vizinhanças: difundir boatos sobre os residentes. Muitas das vezes, na verdade quase sempre, esses boatos distorcem completamente a realidade. É a comprovação do velho ditado "Quem conta um ponto aumenta um ponto". Foi o que parece ter acontecido com o casal. Eles compraram, há três meses, uma modesta casa térrea na serra, com um quarto, e, há cerca de um mês, ganharam R$ 5.000,00 em uma raspadinha. Com esses fatos, que apenas os vizinhos da casa da frente, dona Fátima e seu marido, Gilberto, sabiam, rapidamente se espalhou no bairro uma história totalmente deturpada. Foi questão de uma semana até os dois serem abordados pelo jovem Alfredo, que lhes disse algo totalmente despropositado. Que situação embaraçosa! O que vale é que o casal tem bom humor e, se de início ficaram espantados com o comentário, logo acharam graça e esqueceram o assunto.

Consegue imaginar quais alterações essa história sofreu? E quanto ao comentário de Alfredo? Mas é claro que sim! Crie algumas frases em que altera a mensagem inicial e chegue ao boato que está alimentando as intrigas do momento! Para melhor elucidar, estas foram as informações proferidas por dona Rosalina ao casal confidente: "Queridos vizinhos, eu e Tobias estamos passando por uma boa fase. Depois de anos juntando dinheiro, compramos uma casinha no nosso povoado. Foi um bom negócio que muito nos alegrou, pois agora podemos ir algumas vezes à nossa terra e passar tempo com a família que temos lá. Mas sorte mesmo foi a desta semana: finalmente ganhei alguma coisa! Imaginem só: R$ 5.000,00 por uma raspadinha de R$ 5,00! Não estamos cabendo em nós com tanta sorte. Vai ajudar muito com as despesas que ainda teremos com pequenos reparos na casa do povoado".

Tenho certeza de que você criou uma versão excelente, digna de uma página de fofoca! Memorize os detalhes da parte da história que contei a você, pois, como sabe, precisará deles mais tarde!

2 **Imagine que a casa do povoado do casal Tobias e Rosalina tenha custado R$ 70.000,00 e responda às questões:**

a) Se o casal apenas tivesse R$ 5,00, quantas raspadinhas com prêmio de R$ 5.000,00 e com custo de R$ 5,00 eles precisariam ganhar consecutivamente para comprar a casa? ______________

b) O casal começou a guardar dinheiro há alguns anos para a compra da casa. No primeiro ano, pouparam R$ 3.000,00, sendo que todos os anos depois desse economizaram R$ 500,00 a mais que no ano anterior. Ao final de quantos anos conseguiram juntar o suficiente para comprar a casa? ______________

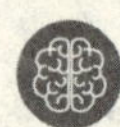

3 **Se tiver memorizado a história do senhor Tobias e de dona Rosalina, não terá dificuldades para responder às seguintes questões:**

a) Onde viviam os vizinhos com quem dividiram as novidades? ____________

b) Como se chamavam? ____________

c) Quantos andares tinha a casa que compraram? E quartos? ____________

d) O que pretendiam com a aquisição da casa? ____________

e) Quem abordou o casal com um comentário despropositado? ____________

f) Quanto tempo havia passado desde que tinham contado as novidades aos vizinhos? ____________

g) Como o casal reagiu ao comentário? ____________

h) Dona Rosalina costuma ter sorte com jogo? ____________

4 **Seguindo um raciocínio lógico, selecione a opção que parecer mais adequada a você:**

a) 86.410 está para 16.804 como costa está para:

1. tosca	**3.** cotas
2. tocas	**4.** tacos

b) 261.927 está para 617.292 como apitar está para:

1. pátria	**3.** pirata
2. partia	**4.** raptai

c) O número 57.214 está para 25.174 como 39.620 está para:

1. 63.290	**3.** 69.230
2. 62.390	**4.** 63.920

Dia 1

1 Neste exercício, você precisará identificar as letras em comum nas linhas e nas colunas do quadro abaixo. Com essas letras, forme sílabas e, depois, duas palavras: uma com as letras em comum das linhas, outra com as letras em comum das colunas. Confuso? Repare no exemplo a seguir:

As palavras ANJO e JOVEM têm em comum as letras J e O; BINGO e VAGOS têm em comum as letras G e O; ANJO e BINGO têm em comum as letras N e O; JOVEM e VAGOS têm em comum as letras V e O.

Dessa forma, temos as palavras: JOGO (JO+GO) e NOVO (NO+VO). Bom JOGO NOVO!

ANJO	JOVEM	JO
BINGO	VAGOS	GO
NO	VO	

POSTAL	PROCESSO	SUPERIOR	
ARESTAS	RECIBOS	GENROS	
CAPOTO	CARTOLA	MATERNA	

2 A seguir, você encontrará conjuntos de números. Sua tarefa é identificar, o mais rápido possível, o número que ocupa a posição central dos valores quando organizados em ordem crescente. Encontre, assim, a mediana, conforme exemplificado nos dois primeiros conjuntos. Tente não demorar mais que dois minutos.

25.626	➔ 2 – 2 – <u>5</u> – 6 – 6
879	➔ 7 – <u>8</u> – 9

25.626	**879**	**52.079**	**632**	**15.277**
<u>5</u>	<u>8</u>	___	___	___
834	**70.310**	**923**	**49.096**	**151**
___	___	___	___	___
17.942	**460**	**26.201**	**718**	**39.587**
___	___	___	___	___
925	**71.823**	**610**	**96.043**	**583**
___	___	___	___	___

3 Ligue os cubos à sua forma planificada:

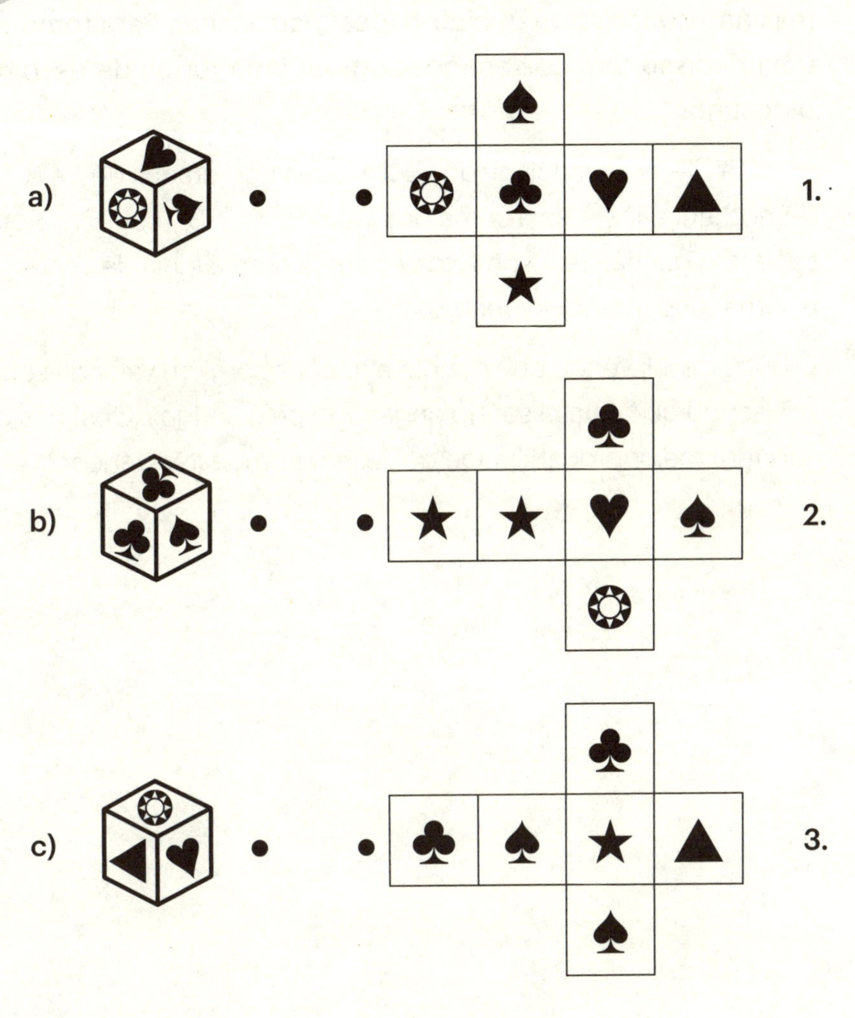

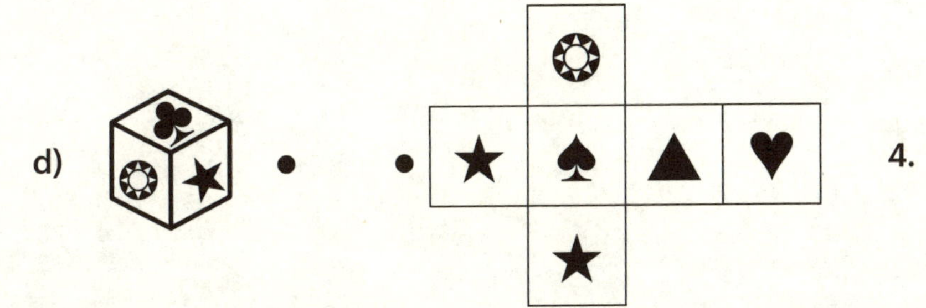

Semana 8

4 Dois casais de amigos vão passear durante o fim de semana, mas não conseguem decidir o local para visitar. Para tomarem uma decisão, um dos amigos sugeriu uma forma de escolher o destino:

— Já sei! Temos ali dois dados com faces numeradas de 1 a 6. Podemos lançá-los e, se a soma dos valores for 2, 3, 11 ou 12, a nossa sugestão ganha. Se a soma for 7, vamos com a ideia de vocês. Se a soma for diferente, repetimos.

O outro casal, vendo que ganharia apenas com um valor da soma, o 7, achou que estava sendo enganado pelo amigo... Qual dos casais tem maior probabilidade de ver a sua sugestão vencer?

____

Dia 2

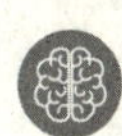

1 Repare na seguinte imagem. Nela encontramos o desenho de um momento de diversão entre adultos e crianças. Observe-o durante dois minutos, tentando memorizar os detalhes.

2 Observe com atenção estas escadinhas de palavras. Tente perceber a relação entre as palavras e preencha os degraus vazios.

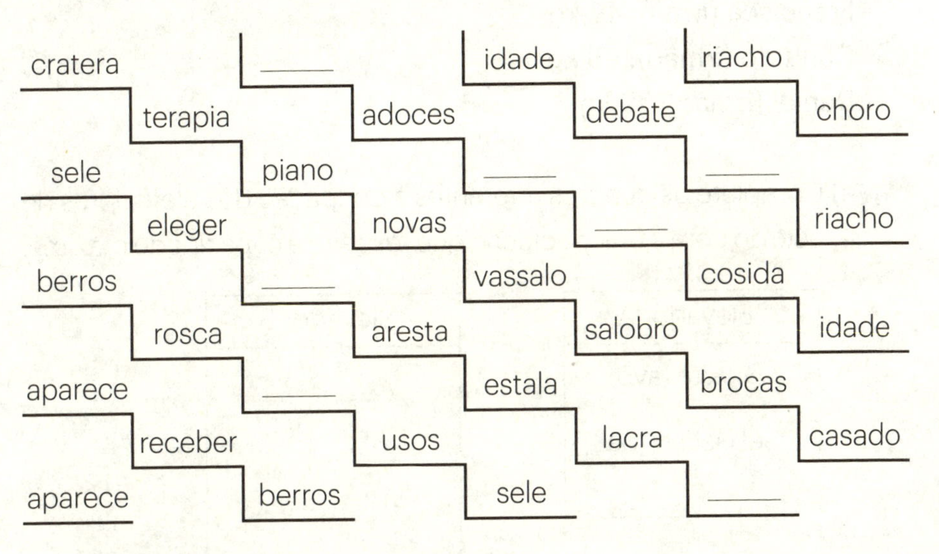

3 Humberto mora no sétimo andar de um prédio com dois elevadores, cada um com a capacidade máxima de 320 kg ou 4 pessoas. Certo dia, seus avós, pais e irmãos foram visitá-lo e se depararam com várias questões. Será que você consegue ajudar?

O avô e o pai logo entraram no elevador A. Assim, a irmã, Francisca, disse que, com base naquela disposição, e para respeitar os limites de capacidade máxima, só lhes restava uma alternativa para irem todos de uma só vez.

Joaquina (avó): 75 kg
Duarte (avô): 86 kg
Alzira (mãe): 72 kg
Sebastião (pai): 89 kg
Bernardo (irmão): 83 kg
Francisca (irmã): 49 kg
Cândido (irmão): 95 kg
Daniel (irmão): 79 kg

a) Complete os quadros referentes à ocupação dos elevadores de acordo com a única solução que respeita a capacidade máxima.

Elevador A
Duarte (avô)
Sebastião (pai)
____
____

Elevador B
____
____
____
____

b) Quanto faltou para o elevador B atingir o peso máximo?

____

c) Quando desceram, Humberto, que tem 88 kg, acompanhou-os; agora eram 9 pessoas e alguém precisaria descer pelas escadas se quisessem fazer apenas uma viagem. Para desafiar os familiares, Humberto disse: "O mais pesado deve ir pelas escadas, e o segundo mais pesado deve também acompanhá-lo para ninguém ir sozinho. Mas essa contagem deve considerar que os pais e os avós têm uma bonificação: a cada 3 kg acima do peso equivalente ao peso médio por pessoa estipulado pelo elevador, é considerado apenas 1 kg". A irmã, Francisca, logo disse: "Ok, então o _______________ e o _______________ descem juntos pelas escadas".

Complete os espaços em branco:

d) Quando da descida, um dos elevadores parou no quarto andar. Um indivíduo pretendia também descer. Dentro do elevador encontravam-se o avô, Duarte; o pai, Sebastião; e a irmã, Francisca, que se logo se dirigiu ao senhor:

"Pode descer conosco se o seu peso não for superior a 30% da carga máxima deste elevador". O senhor respondeu: "Já estive mais longe, minha jovem, mas ainda me faltam 4 kg para atingir esses 30%". Quanto o senhor pesa?

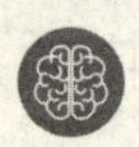

4 Com base no desenho do primeiro exercício, responda às seguintes questões:

a) Em que posição se encontra o menino que tem o balão? ____________

b) Quantas crianças saltam no trampolim? ____________

c) O cão está virado para o lado esquerdo ou direito da imagem? ____________

d) O cão está mais perto da menina com a pipa ou do menino com o balão? ____________

e) Entre o cão e o adulto que leva uma criança de cavalinho, quantas crianças existem? ____________

f) A pipa está inclinada para que lado da imagem? ____________

g) Algum dos meninos está de chapéu? ____________

h) O menino de triciclo parece olhar para o trampolim? ____________

Dia 3

1 Descubra, o mais rápido possível, as letras que faltam na "escada" abaixo sabendo que:

- todas as palavras contêm as letras da palavra da linha superior;
- a cada linha é acrescentada uma nova letra;
- a cada letra corresponde um símbolo;
- aqui se encontram as letras da última palavra, mas desordenadas:

L	N	T	M	O	C	P	I	A	E

Cronometre o tempo que levou para completar o exercício. Se demorou até dois minutos, excelente! Se levou entre dois e três minutos, teve um bom resultado. Se excedeu o tempo, não desanime; continue treinando.

P❁	E⌘	N★	A❖						
__ ★	__ ❖	__ ☼	__ ❁	__ ⌘					
__ ❁	__ ❖	__ ☼	__ ★	__ ⌘	__ ■				
__ ❁	__ ☼	__ ★	__ ↕	__ ⌘	__ ■	__ ❖			
__ ❁	__ ⌘	__ ■	__ ☼	__ ↕	__ ❖	__ ★	__ ⤵		
__ ❁	__ ⤵	__ ↓	__ ⌘	__ ★	__ ↕	__ ☼	__ ❖	__ ■	
__ ☼	__ ★	__ ↕	__ ⤵	__ ➶	__ ❁	__ ■	__ ⌘	__ ↓	__ ❖

Semana 8

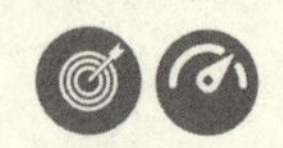

2 Você precisará de muita atenção para a tarefa de agora: soletre as letras do seu nome completo começando de trás para a frente. Para um nome completo composto de quatro nomes, peço que tente não demorar mais de 90 segundos. Tire 20 segundos desse objetivo por cada nome que tiver a menos, e some 20 segundos por cada nome que tiver a mais.
Espero que conclua com sucesso esta tarefa! Agora, de preferência em menos de um minuto, identifique quantas letras tem o seu nome completo.

3 Humberto está reformando seu apartamento, e ele constatou que o elevador do prédio aguenta 16 sacos de cimento ou 160 lajotas. O elevador suporta uma carga de 320 kg. Com essas informações, responda às seguintes perguntas:

a) Se Humberto quiser transportar 10 sacos de cimento, quantas lajotas poderá colocar no elevador? ____________

b) Se Humberto, que pesa 88 kg, for no elevador, quantos sacos de cimento poderá levar consigo? ____________

c) Humberto, por má organização da equipe da obra, se deparou no final com a seguinte quantidade de sacos de cimento: 2 sacos por abrir, 3 pela metade, 3 com ⅓ cada um e 2 sacos com ¼. Quantos sacos completos ele tem? ____________

4 Humberto ainda está precisando de você. Ajude-o a encontrar as respostas para as seguintes questões:

a) Ele tem um primo mais velho, Joaquim, de quem é muito próximo. Neste ano, ambos vão comemorar a entrada em uma idade com os mesmos dígitos, mas em posições trocadas. Joaquim não tem mais que 40 anos e Humberto tem mais de 16 anos. Quais idades vão comemorar? ____________

b) Humberto tem cinco pares de sapato: dois de cor preta, dois de cor azul e um par de cor marrom. Quando ele os comprou, colocou-os em caixas de cor correspondente. Entretanto, não conseguiu manter a organização e nenhum par de sapatos está guardado na caixa com a cor correspondente. Qual a cor da caixa onde estão os sapatos marrons sendo que os dois pares de sapatos azuis estão em caixas da mesma cor? ____________

Semana 8

Dia 4

1 Escolha a opção que substitui o ponto de interrogação:

a)

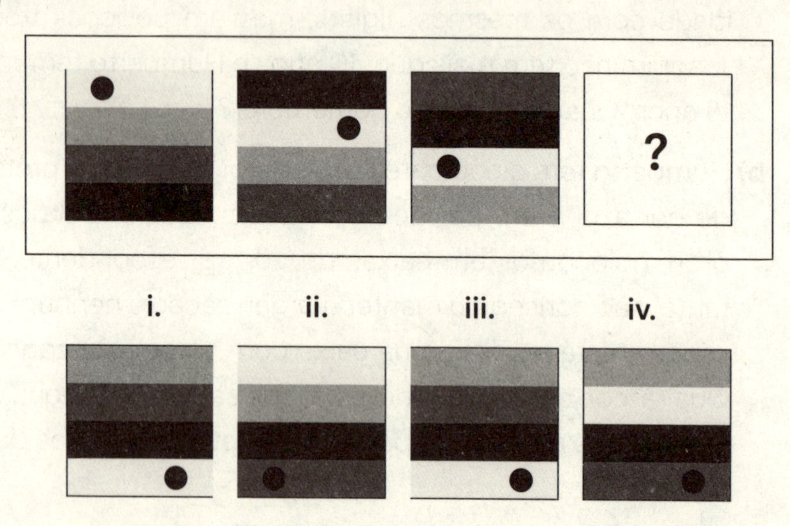

b)

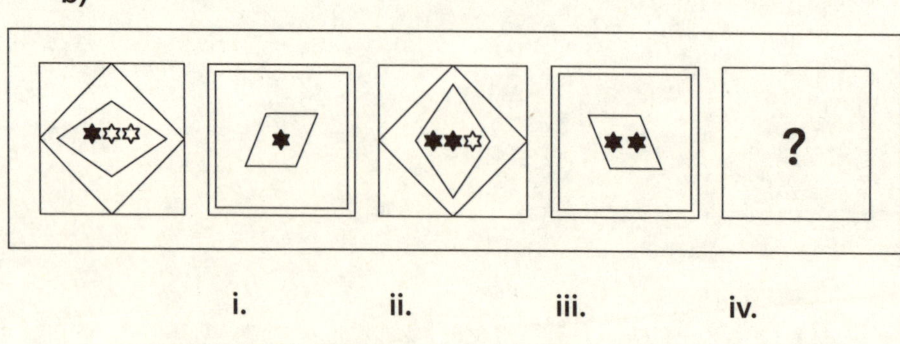

i. 

ii. 

iii. 

iv. 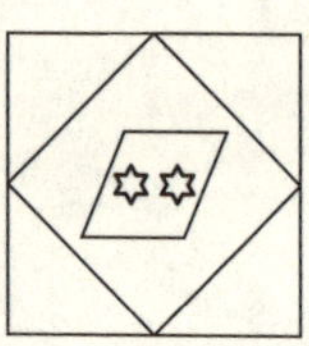

c)

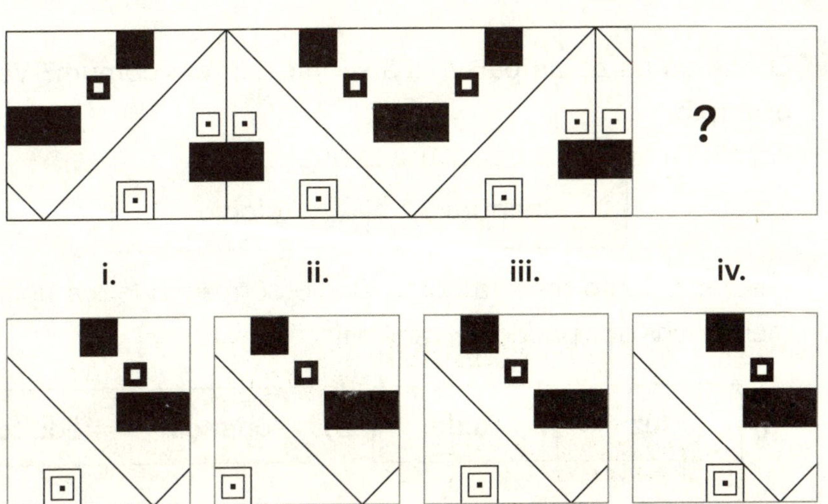

2 Preencha os espaços com a mesma palavra em cada uma das linhas de modo que se formem novas palavras.

TERREMOTO	**MOTORIZADA**
CON_______	_______RIAL
AMAR_______	_______TIVO
CRONO_______	_______TICALMENTE
DÁL_______	_______DOURO
DESEN_______	_______ICO
PROTO_______	_______SSO
LOM_______	_______DEIRO
TRI_______	_______NES
SILI_______	_______XÃO
LOCO_______	_______ÇÃO

Semana 8

3 O que os pares de palavras a seguir têm em comum? Veja o exemplo:

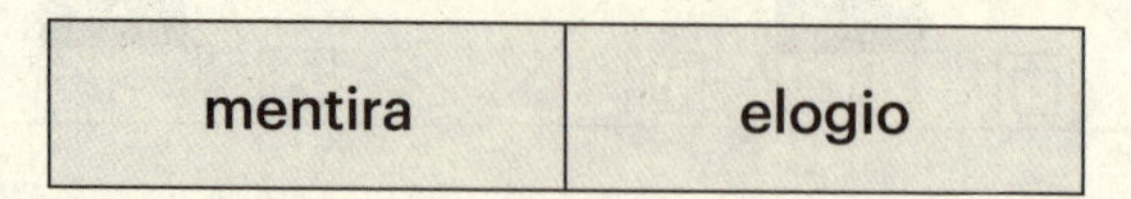

Resposta: Tanto mentira como elogio correspondem a tipos de mensagens que podemos transmitir.

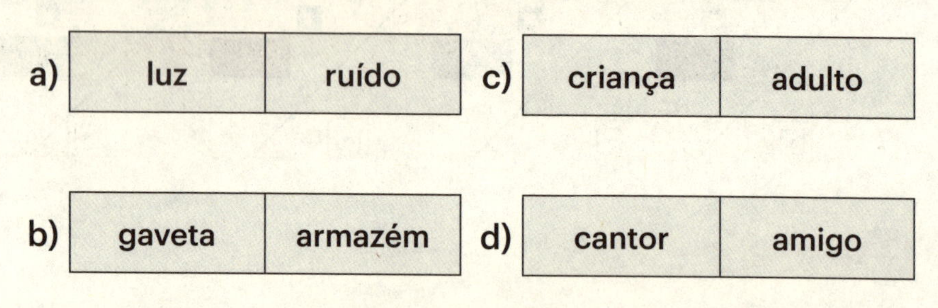

4 Repare no seguinte esquema e, tendo como base os números identificados, descubra aquele a que corresponde cada peça de roupa. Com eles, preencha a legenda que vem na sequência.

Legenda:

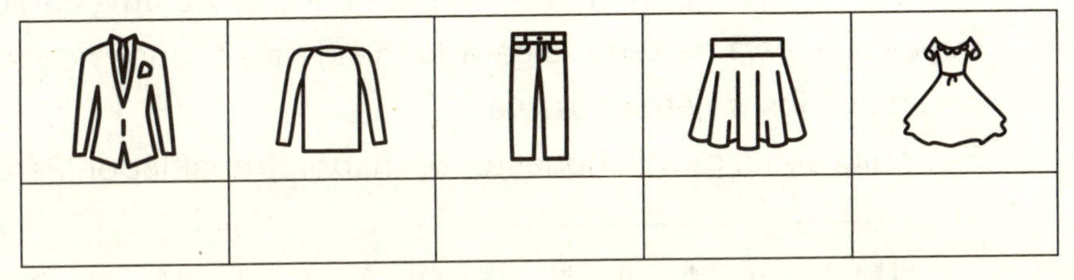

Dia 5

1 No caça-palavras abaixo, você não deverá encontrar palavras específicas, mas a inicial do seu primeiro e último nome. Entre estas duas letras trace um percurso. Mas a tarefa não acaba aí. Cada letra desse percurso deverá ser a inicial de uma característica sua. Veja o exemplo para João Pereira, e tenha noção de que há vários trajetos possíveis.

Exemplo: João, gentil, honesto, sonhador, trabalhador, Pereira

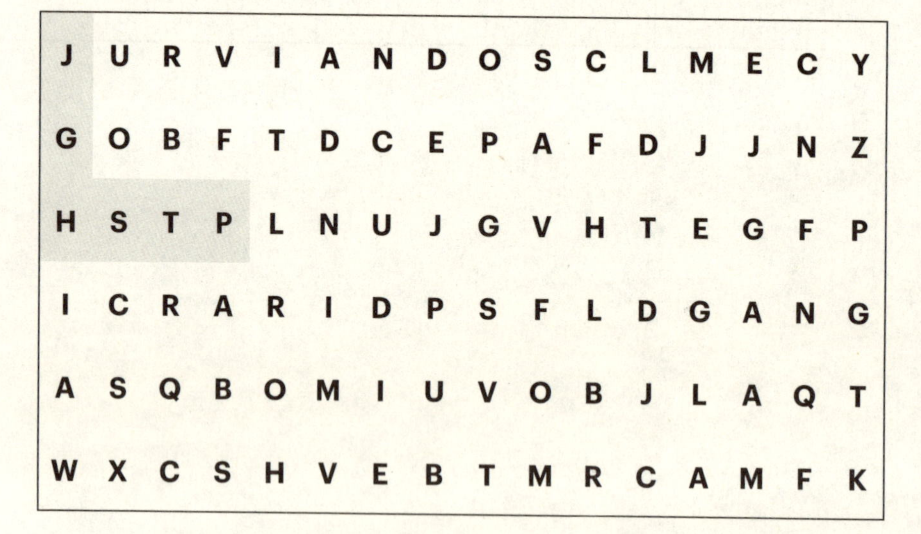

J	U	R	V	I	A	N	D	O	S	C	L	M	E	C	Y
G	O	B	F	T	D	C	E	P	A	F	D	J	J	N	Z
H	S	T	P	L	N	U	J	G	V	H	T	E	G	F	P
I	C	R	A	R	I	D	P	S	F	L	D	G	A	N	G
A	S	Q	B	O	M	I	U	V	O	B	J	L	A	Q	T
W	X	C	S	H	V	E	B	T	M	R	C	A	M	F	K

Nota:

Para ficar um pouco mais difícil, você poderá escolher um trajeto mais complexo ou introduzir como meta intermediária um dos seus nomes do meio!

2 Na padaria São João, os padeiros precisam dominar a matemática. Veja os problemas que eles costumam ter e ajude-os a encontrar a solução:

a) Três padeiros estão se preparando para fazer os doces de Natal. Este é o primeiro ano em que trabalharão juntos, e eles receberam muitas encomendas. Júlio, que é ainda estagiário, afirma que, para dar conta sozinho de todas aquelas encomendas, precisaria de 10 horas. Já os experientes Rogério e Adriano dizem que, no caso deles, cada um conseguiria concluir a encomenda em 5 horas. Se os três trabalharem juntos, quantas horas levarão para preparar os doces?

____

b) O senhor Adriano precisa comprar algumas estantes para a padaria. Ele foi a uma loja e comprou 10 módulos de estante, e deseja montá-los em três conjuntos: um de 4 módulos e dois de 3 módulos. Nas instruções dizia que, das 16 cantoneiras necessárias para montar um módulo individual de forma isolada, 4 poderiam ser dispensadas em cada lado que estivesse encostado a outro módulo. Quantas cantoneiras sobraram depois de o senhor Adriano montar os três conjuntos?

____

3 Descubra, nos adjetivos abaixo, aqueles que têm o significado mais próximo dos adjetivos do segundo quadro. Tenha em mente que nem todos eles serão integrados no segundo quadro.

CUMPRIDOR	GRACIOSO	AUSTERO
SOLIDÁRIO	CORAJOSO	CRÍTICO
AUDAZ	INTENSO	REQUINTADO
DIVERTIDO	PACATO	HUMANO
DESTEMIDO	AGRADÁVEL	SISUDO

VALENTE	**SÉRIO**	**ENGRAÇADO**

4 Observe o esquema a seguir e tente descobrir a sua lógica. Assim que conseguir desvendá-la, não terá dificuldades para preencher o espaço em branco:

1	dois
2	quatro
3	quatro
4	seis
5	cinco
6	______

Dia 6

1 Nos conjuntos mostrados a seguir, os algarismos representados não são os reais, e sim códigos que correspondem a algarismos reais. No quadro você encontrará as devidas correspondências. Cada conjunto de algarismos fictícios, quando adicionados, tem como soma o número 20. O seu trabalho é colocar o número fictício que falta. Tente ser rápido; você tem, no máximo, quatro minutos.

Reais	9	8	7	4	1	0	3	5	6	2
Fictícios	***0***	***1***	***2***	***3***	***4***	***5***	***6***	***7***	***8***	***9***

Exemplo:

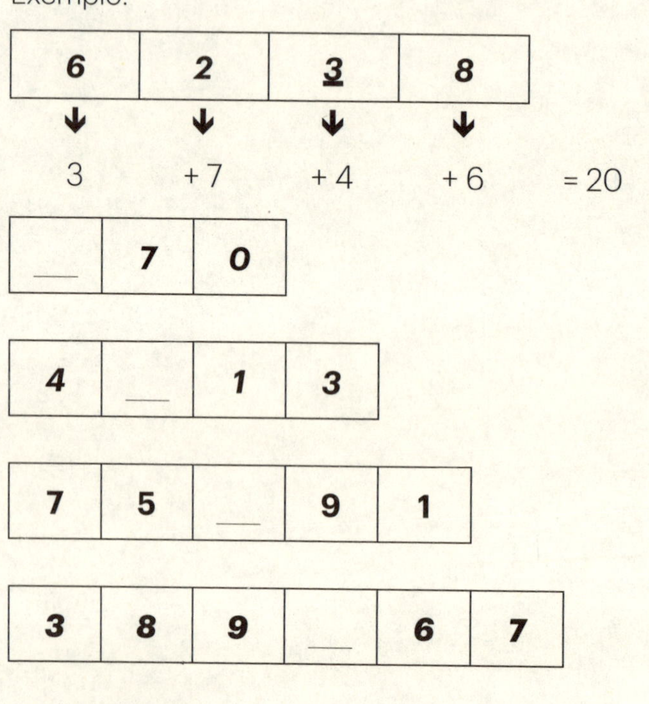

6	**2**	**3**	**8**
↓	↓	↓	↓
3	+ 7	+ 4	+ 6

= 20

___	**7**	**0**

4	___	**1**	**3**

7	**5**	___	**9**	**1**

3	**8**	**9**	___	**6**	**7**

6	**9**	**4**	**7**	___	**9**	**6**

2 Agora vamos nos debruçar sobre o caso da família Monteiro:

a) Nela há sete irmãos. Quantos rapazes e moças são se Mafalda tem duas vezes mais irmãs que irmãos? ____________

b) Que parentesco tem Mafalda com a mãe da mãe do irmão da sua prima Sônia? ____________

3 Um senhor abastado tinha um cofre muito seguro que só conseguia abrir com uma combinação de 9 dígitos. Como o senhor tinha a memória um tanto fraca, arranjou uma maneira de sempre se lembrar do código sem precisar decorá-lo.

Gravada na porta do cofre, estava esta sequência de, também, 9 dígitos.

7 2 3 2 1 6 4 2 3

O código de abertura do cofre era descoberto contando com a ajuda de 9 objetos, por exemplo, feijões. O senhor sabia que precisaria ter um grupo de 9 feijões do lado esquerdo e 0 feijão do lado direito. Contando com a sequência gravada na porta do cofre, sabia que teria de mover o número indicado de feijões do grupo da esquerda para o grupo da direita, e vice-versa, alternadamente. Os dígitos da combinação eram dados pelo número de feijões do grupo de origem, após o movimento.

Qual é a combinação que abre o cofre?

____

4 Nesta "ampulheta" você precisará encontrar os anagramas das palavras abaixo. Elas estão em posição simétrica segundo o eixo horizontal. Os quadrados em cinza indicam as únicas letras que mantêm a posição. Veja o exemplo e preencha os quadrados restantes. Para ajudar você, há um quadro após a ampulheta com sinônimos/definições das palavras que você precisa encontrar. Recorra a ele se precisar!

C	O	R	T	A	N	T	E	S
	I	N	C	E	R	T	O	
	G	A	L	E	R	I	A	
	A	S	S	E	N	T	O	
		R	O	M	E	N	A	
	A	P	O	S	T	A		
		F	R	A	S	E		
			C	O	R	P	O	
		S	E	T	A	S		
			T	E	M	A		
			C	A	R	A		
			P	A	I			
			P	I	A			

bronzeada	alvo	prudente	calçado
suíno	contentamento	sono	oposição
baú	feroz	espaço limitado	

Dia 7

1 Descubra os provérbios que estão escondidos nos desenhos:

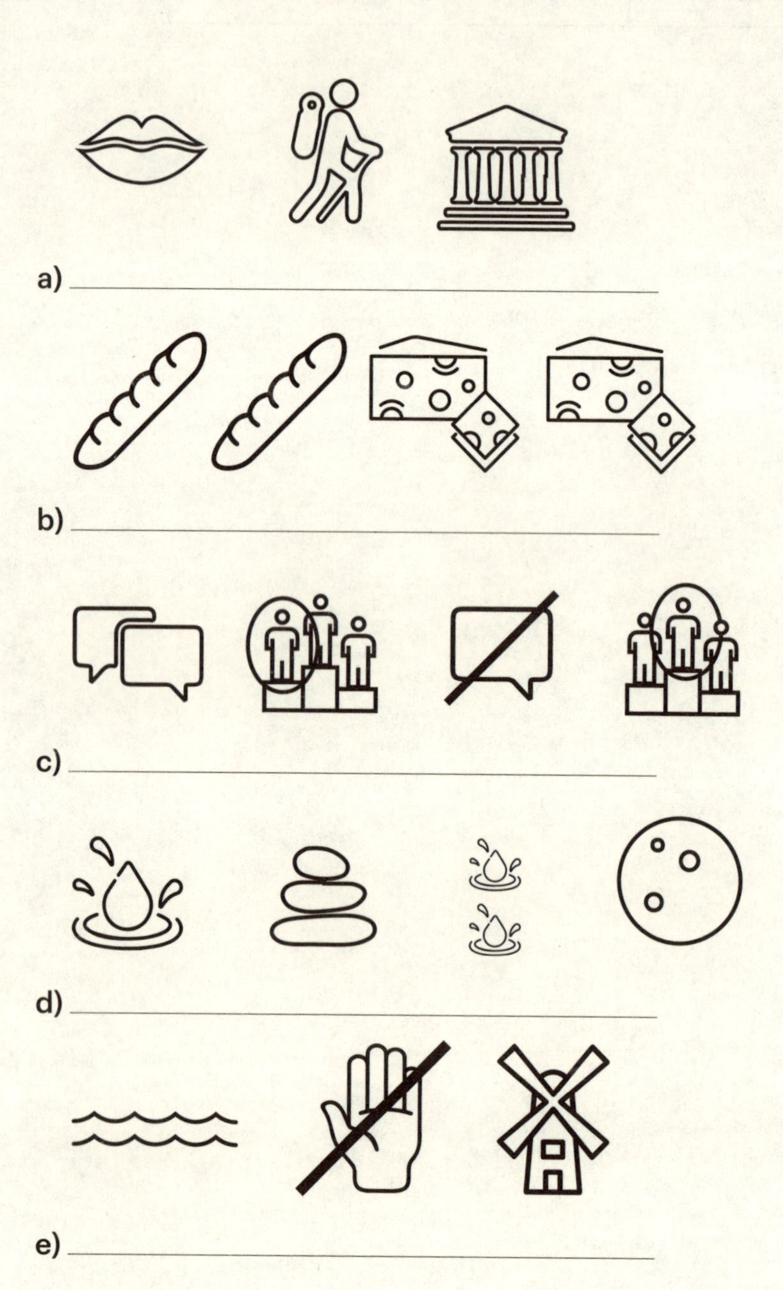

a) ______________________________

b) ______________________________

c) ______________________________

d) ______________________________

e) ______________________________

f) ______________________________

g) ______________________________

2 Seguindo a mesma lógica das palavras da linha superior, descubra as incógnitas. O número de letras corresponde ao de traços:

Observe o exemplo:

braço	**praça**	**prosa**
dobra	cobre	conde

a)

soneto	**tenores**	**servo**
mágico	_ _ _ _ _ _ _	santa

b)

patrão	**razão**	**zebra**
sombras	_ _ _ _ _	tenro

c)

lápis	**pálidos**	**medos**
temer	_ _ _ _ _ _ _	sonoro

d)

telhado	**letrado**	**ritmo**
mostras	_ _ _ _ _ _ _	bolas

3 Em uma pesquisa realizada em uma feira de vinhos, 90% dos entrevistados responderam que apreciavam vinho tinto; 70%, vinho branco; e 60%, vinho verde. Ninguém respondeu que não gostava de vinho.

a) A porcentagem de entrevistados que apreciam os três tipos de vinho está entre quais valores? ____________

b) Um jornalista que se deslocou à feira de vinhos escolheu, aleatoriamente, duas pessoas para entrevistar. A primeira pessoa disse-lhe logo que o seu vinho preferido era o maduro tinto. Qual é a probabilidade de a pessoa que a acompanha apreciar o vinho verde? ____________

4 **Com três linhas, divida o retângulo de modo a que cada área tenha estes quatro símbolos: ♥ ♦ ♠ ♣.**

Veja o exemplo a seguir, no qual o retângulo foi dividido, também com três linhas, de forma a que cada área contivesse uma estrela (★):

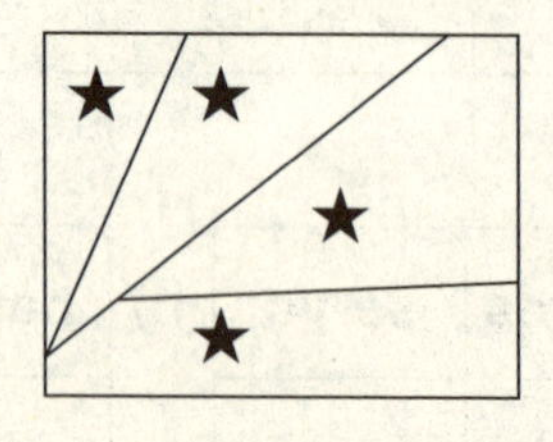

BALANÇO FINAL

Registre nesta página a sua autoavaliação. Faça uma reflexão sobre o seu desempenho ao longo destas 8 semanas, registrando os exercícios que foram mais desafiadores e aqueles que resolveu com maior facilidade.

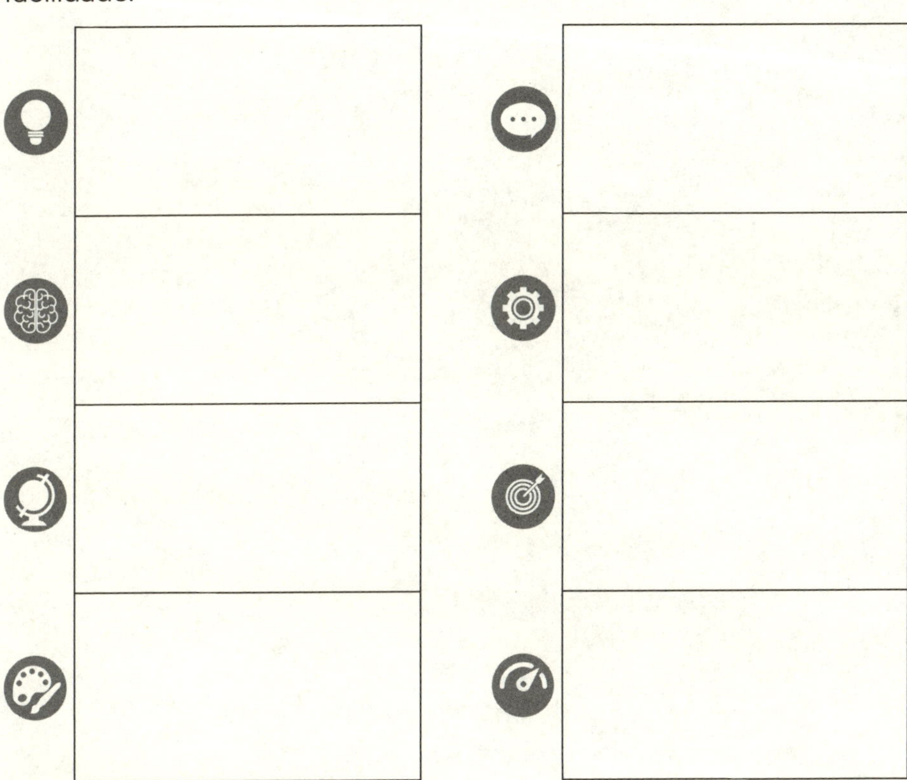

Conclusões:

Melhores áreas	Áreas a melhorar	Dificuldade geral sentida

Notas adicionais: ____

Respostas

Semana 1

Dia 1

1. a) janeiro, b) abril, c) junho, d) fevereiro, e) julho, f) setembro, maio, g) novembro, h) março, i) agosto, j) outubro, k) dezembro.

2. recluso, vasto, penoso, moderna, sismo, tradição, campainha, curva, gralha, pirata, aperto, selva, cliente, chorar, malha, esperto, cerveja, marcha, mental.

3. a) 57 + 61 = 118; b) 78 + 19 = 97; c) 64 + 29 = 93.

4. Neve.

Dia 2

1. Resposta livre.

2. 8 quadrados.

3. Cada palavra começa pela última sílaba da palavra anterior; assim, existem várias possibilidades de resposta, por exemplo: COMARCA – CADERNETA – TABELA – LAPELA ou COLAR – LARVA – VAGAR – GARFO.

4. Hexágono: 6; Octógono: 8.

Dia 3

1. Resposta livre.

2. a) sol, b) cabo, c) segundo, d) pasta, e) pena.

3.

4. Borboleta.

Dia 4

1. Alemanha, Camboja, Japão, Moçambique, Canadá, Bolívia, Iraque, Marrocos, Jordânia e Maldivas.

2. a) Numa semana completa guarda 5 × 3 = R$ 15,00, mas no fim de semana gasta 2 × 2,50 = R$ 5,00 desse valor; sendo assim, poupa 15 – 5 = R$ 10,00 por semana. Ele demora 3 semanas para juntar R$ 30,00. b) Paulo perde R$ 1,00 por semana se aceitar a proposta do irmão (2 × 7 = R$ 14,00 < 3 × 5 = R$ 15,00).

3. a) 2; b) 5; c) 3; d) 1; e) 4.

4. Alocar, acaso, cara, cola, casa, calo, calor, colar, cosa, coro, capa, cela, laca, óleo, orca, par, parca, pés, peso, pesa, pesar, prosa, rola, rosa, selo, saca, sal, seca, soca etc.

Dia 5

1. c) $\frac{1}{3}$.

2.

B7nU4e	La5A4o	aPc34v	1HeFA5	4TeAF2	Do62m4
Oa8j4S	RAv04b	1hE79A	Ru3Sd4	3Sa5Mc	84dFEa
21caD7	Bo4aVN	F5dAs4	CaT49b	leB4N6	804cDa
3ZaR4F	R7as5c	G43c9F	Ba9T4v	71hTA6	Vi014n
Blv4So	xAu61p	AvRT54	gUni4v	4frT5A	Bn24ap
4Ui3An	Sn47Pa	ulRah9	4bHa12	GA8b4e	cX90ba
L3ud64	fGtAv4	TaR87o	C1Ar84	lb4S2v	Jt4ePa

3. Assim, dona Anita deu as camisetas grandes a estes jovens: Ângela, Humberto, Janete e Rubens; e as pequenas a estes: Selma e Dora.

4. Ver imagem do exercício 1.

Dia 6

1. b) orelha, 1; c) chapéu, 3; d) moeda, 5; e) pente, 2; f) sol, 7; g) pé, 6.

2. Respostas livres. Exemplos de respostas possíveis: a) A criança não aprecia banhar-se. Esse é um fato que verificamos, muito embora se encontre de bom humor e façamos esforços para que se anime. b) A senhora encontra-se determinada a dar por concluído o dilema que enfrentou, não obstante o fato de outras pessoas continuarem a lhe recusar ajuda.

3. a) 216 doces (12 × 18 = 216), 7 saquinhos-surpresa (216 ÷ 32 = 6,75); b) 12 quebra-cabeças (10 – 2 + 3 + 4 – 3 = 12); c) 8 anos ($\frac{1}{3}$ × 6 + 6 = 2 + 6 = 8).

4. a) Explicação 1: O somatório das pintas vai decrescendo em 1 unidade de peça para peça, sendo que a peça seguinte terá de somar 5; Explicação 2: Existe sempre um lado com 4 pintas que vai alternando entre baixo e cima. O outro lado vai diminuindo uma pinta enquanto também alterna entre cima e baixo.

Dia 7

1. O objeto que se diferencia é o prato, pois é o único que começa com a letra "p". Todos os outros começam pela letra "b": berço, botão, balança, bicicleta, bola, boia, bota e bengala.
2. a) 6 (de 3 em 3 colunas, o símbolo repete-se, mas isso não acontece na coluna 6); b) 5 (em cada passo, a seta roda 90 graus no sentido horário, mas isso não acontece na da coluna 5); c) 1 (as estrelas alternam entre uma branca e uma preta e uma pequena seguida de duas grandes); d) 1 (o primeiro quadrado deveria ser preto para respeitar a sequência de 4 figuras que se repete); e) 2 (em cada passo, a figura roda 90 graus no sentido horário, mas isso não acontece na da coluna 2).
3. a) coração; b) nariz.
4. Balão.

Semana 2

Dia 1

1. Vitória faz aniversário no dia 2 de dezembro e Vicente, em 8 de fevereiro.
2. Resposta livre e 22 de junho.
3.

a) b)

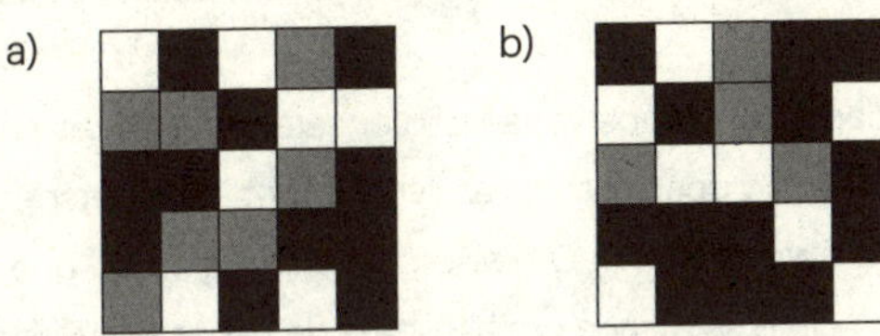

4. Analogia, pois é a única palavra sem três letras "o".

Dia 2

1. a) Quarta-feira e sexta-feira; b) Aparecem os de carne em primeiro lugar; c) Segunda-feira, terça-feira, quinta-feira ou sábado; d) Resposta livre.
2. 9 vezes.

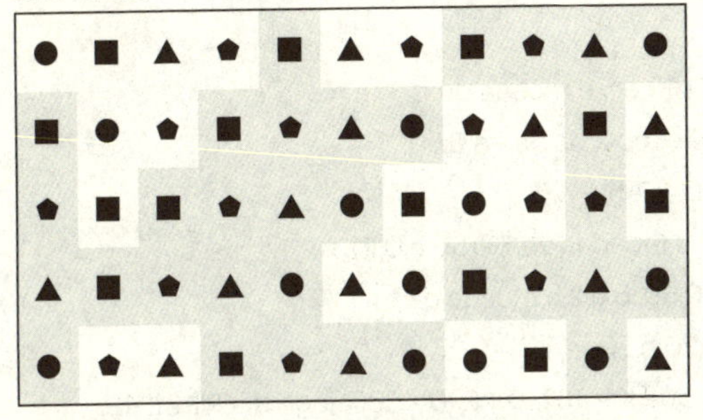

3. Aranha, burro, coelho, corvo, esquilo, ganso, lebre, lontra, mosca, pardal, raposa, gazela, falcão, castor, polvo, hiena.
4. R$ 256,00 (dinheiro gasto em plantas: 30 × 4 = 120; dinheiro gasto nos vasos maiores: 4 × 8 = 32; dinheiro gasto nos vasos restantes: 26 × 4 = 104; 120 + 32 + 104 = 256).

Dia 3

1. a) A Paula viajou para o Brasil.

	Argentina	Brasil	Colômbia	Peru
Amélia	Não (i)	Não	Talvez	Talvez
Bárbara	Não (ii)	Não (i)	Talvez	Talvez
Carla	Sim	Não (iii)	Não (i)	Não (iii)
Paula	Não	Sim	Não (ii)	Não (i)

b) Dia 23 de junho; c) Se a Amélia não está no lado oposto ao da Carla, é porque estão lado a lado; logo é a Bárbara que está ao lado da Paula.

2. a) opção iv); b) opção i).

3. a) optar, prato, parto, porta, rapto, topar, tropa, trapo; b) arcos, caros, coras, orcas, rocas, rosca, socar.

4. a) 1 (de 11 para 10 decresce 1, de 10 para 8 decresce 2, de 8 para 5 decresce 3, de 5 para 1 decresce 4); b) 20 (ora se soma 3, ora se soma 2); c) 39 (soma-se 13 a cada número); d) 18 (sempre se soma 4); e) 15 (alternadamente, os números são 15, 16, 17, e, alternadamente, temos os números com esses dígitos trocados).

Dia 4

1. Jaguar, cachalote, lagarto, lampreia, gralha, tamboril, touro, veado, gavião, baleia, leopardo, macaco, anaconda e coruja.

2. Resposta livre. Exemplo de possibilidades: a) Vamos ver se não encaram negativamente a minha opinião. No que diz respeito à fixação dos nossos dias livres, tenho uma perspectiva distinta da que foi expressa por outra funcionária. b) O nosso progenitor afirmou que não deseja ser presenteado e que a verba deve ser usada em assuntos de maior relevância. c) Caminhava rapidamente, com o olhar para baixo, sem prestar atenção ao que existia à sua volta e à pessoa que o chamava pelas costas.

3. Todas as figuras estão posicionadas na diagonal, exceto a fita métrica, portanto é ela que não faz parte do grupo.

4. Vedo, galha, bala, ouro, maca e tambor.

Dia 5

1. a) R$ 36,00 (4 × 9 = 36). Notas de 20, 10 e 5 e moeda de 1.

b) R$ 22,50 (9 × 2,5 = 22,5). Nota de 20 e moedas de 1 e 0,50.

c) R$ 49,00 (3,5 × 14 = 49). Notas de 20, 20, 5, 2 e 2.

d) R$ 21,60 (12 × 1,8 = 21,6). Nota de 20 e moedas de 1, 0,50 e 0,10.

e) R$ 38,00 (20 × 1,9 = 38). Notas de 20, 10, 5 e 2 e moeda de 1.

f) R$ 40,00 (2 × 10 × 2 = 40). Notas de 20 e 20.

2. Total das despesas: R$ 432,10, pelo que X – 432,10 + 220 = 300, logo X = R$ 512,10.

3. a) acordeão; b) rimar; c) orangotango; d) algemas; e) desenvolvimento; f) caramelo; g) assalto.

4. a) 6 (a sequência é formada por pares de imagens simétricas que vão se alternando, mas essa imagem não respeita a sequência); b) 9 (cada célula tem um par de símbolos, sendo que o da esquerda se repete em duas células seguidas e o da direita alterna); c) 3 (é a única que não é composta de três símbolos iguais); d) 8 (é a única que não tem um símbolo igual ao da célula anterior); e) 7 (a cada passo, a figura da esquerda ou a figura da direita, de forma alternada, giram 90 graus no sentido anti-horário, o que não acontece na figura 7); f) 6 (é a única célula que não contém pelo menos um "V" invertido); g) 1 (em cada célula, a figura gira 45 graus no sentido horário).

Dia 6

1. Resposta livre.

2. a) maio; b) janeiro; c) fevereiro; d) agosto; e) julho; f) junho.

3. a) conta; b) gêmeos; c) partir; d) letra(s); e) violeta.

4. O da segunda linha, segunda coluna.

Dia 7

1. a) Cada prestação foi de R$ 40,00: $400 \div 2 = 200$ e $200 \div 5 = 40$; b) R$ 320,00, pois $4 \times 2{,}5 = 10$ e $32 \times 10 =$ R$ 320,00.

2. Recipiente, monarquia, cascalho, arquivo, oriundo, lâmina, enguia, madeira, mascote, abadia, feiticeiro, antigo, veludo, proibido, sucata, chouriço.

3. a) abril; b) setembro; c) outubro; d) março; e) novembro (onze); f) dezembro (doze).

4. 9 quadrados; a figura c).

Semana 3

Dia 1

1. a) sapos, 8; b) gato, 1; c) cobras, lagartos, 4; d) urso, 5; e) bois, 7; f) aranhas, 6; g) galinhas, 9; h) pato, 3; i) peixe, 2.

2. a) Escurecer os longos cabelos castanhos/tom loiro; b) "Tão importante quanto a sua saúde mental é a sua saúde física. Cuide dela!", que deveria ser "Tão importante quanto a sua saúde física é a sua saúde mental. Cuide dela!"; c) "Odor ensurdecedor das máquinas" em vez de "barulho ensurdecedor das máquinas".

3. Paulo tinha R$ 60,00: $0{,}5 \times 1/5 \times D + 1/6 \times D = 16$, então $1/10 \times D + 1/6 \times D = 16$, então $6/60 \times D + 10/60 \times D = 16$, então $16/60 \times D = 16$, então $16 \times D = 16 \times 60$, então $D = 60$.

4. Foi inserido o coelho e falta o gato.

Dia 2

1.

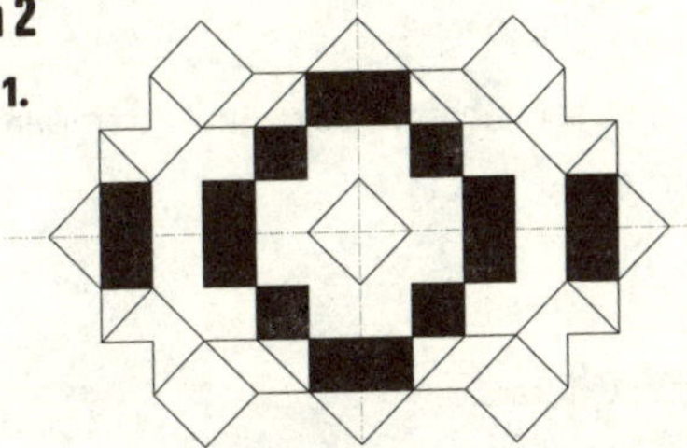

2. d) Pois a terceira letra de cada palavra dada corresponde à sequência "a e i o u".

3. a) Alice; b) Carlota, Clara e Carolina; c) Marisa/Maria, Elisa/Elsa, Adriana/Ariana.

4. a) Como só existem duas opções para vestir na parte inferior, apenas há dois dias em que podem respeitar a regra de vestir apenas uma vez uma peça; b) 140 cm; c) 12 anos.

Dia 3

1. a) prata, prato; b) alvorada, madrugada, amanhecer; c) esfera; d) domingo; e) garrafa; f) pescoço; g) receita; h) argola.
2. Resposta livre.
3. a) ii; b) i.
4. 

Dia 4

1. Nadar; sobreiro; obedecer; menina; ingenuidade; helicóptero; mirtilo; acordar; suspensão; cardume; fruta; perder; acetinado; Lúcia; frio.
2. Antônio rasgou 5 folhas (3, 13, 23, 30, 31). Leonor rasgou 11 folhas (2, 12, 20, 21, 22, 24, 25, 26, 27, 28, 29). Íris rasgou 9 folhas (1, 10, 11, 14, 15, 16, 17, 18, 19). Eduardo rasgou 6 folhas (4, 5, 6, 7, 8, 9). Antônio foi quem rasgou menos folhas e Leonor foi quem rasgou mais folhas.
3. a) dente de alho; b) meia-tigela; c) maçã do rosto; d) espinha dorsal; e) pombo-correio; f) céu da boca; g) livro de bolso; h) porta-moedas.
4. 23 – Antônio; 12 – Leonor; 7 – Eduardo; 10 – Íris.

Dia 5

1. a) 1; b) 4; c) 1; d) 2.
2. a) EMPADA – ESPADA – ESCADA – ESCALA – ESCOLA; b) PESCA – PERCA – PARCA – PARRA – FARRA.
3. a) 18 + 9 = 27 ou 27 + 9 = 36; b) 18 + 9 + 27 = 54; c) 27 + 36 – 9 = 54 ou 27 + 18 - 9 = 36; d) 27 + 18 = 36 + 9.
4. Opção b): na segunda coluna as figuras invertem a posição da primeira.

Dia 6

1. Quem vai receber o anel é a Marília, pois seu nome rima com o da mãe da sua mãe, sendo que a mãe da sua mãe é a dona Emília.
2. Sentimental – sensível – apático; modesto – humilde – arrogante; verdadeiro – franco – desleal; ingênuo – inocente – culpado; tranquilo – sereno – inquieto; engenhoso – hábil – desajeitado; criativo – original – banal; contente – feliz – desgostoso.
3. b) 7; c) 3; d) 2; e) 1; f) 8; g) 9; h) 4; i) 6; j) 11; k) 10.
4. a) Marília, Daniela e Liliana; b) Luciana; c) Rafaela; d) As semelhantes da d. Emília (familiares); e) Nenhuma; f) Ouro; g) Tem três safiras e dois diamantes.

Dia 7

1. Diogo pensou em 4.578 e Tiago pensou em 3.492.
2. a) galochas; b) saca-rolhas; c) rodapé; d) retaguarda; e) furacão.
3. b) A parte de cima mantém a sequência: 1, 3, 5, ao passo que a parte inferior corresponde à diferença entre o número de bolinhas das duas partes da peça anterior.
4. Resposta livre.

Semana 4

Dia 1

1. Respostas possíveis: A mala e a bolsa; o chuveiro e a banheira; o relógio despertador e o relógio de pulso; a luminária e a lanterna; os conjuntos de talheres; o pote e a panela.

2. a) defeitos; b) concerto; c) alface; d) urgente; e) verdade; f) bonecas; g) cadeira; h) adivinho.

3. Consultar quadro do exercício 1.

4. Resposta livre.

Dia 2

1. a) 6; b) 3; c) 1; d) 4; e) 2; f) 5; g) 7; h) 9; i) 8.

2. a) 3; b) 2; c) 1; d) 2.

3. 1. ares; 2. artes; 3. aresta; 4. caretas; 5. cartazes.

4. Resposta livre.

Dia 3

1. a) Amália (ou Amanda, Amada...) e Célia (ou Zélia, Adélia, Hélia...); b) Martim; c) Viriato; d) Aurora.

2. 1 ↑; 1 =
2 ↓; 1 ↓ ; 1 ↑; 2 =; 1 ↑
2 ↑; 2 ↓; 1 =; 2 ↓;1 ↑
2 ↓; 1 =; 2 ↑; 1 ↓; 2 =

3. Exemplo: 10 = 10; a) 6 < 8; b) 25 > 20; c) 30 = 30.

4. Rita.

Dia 4

1. b) Os triângulos giram 90 graus no sentido horário ao longo de cada linha e coluna.

2. a) Fechar-se em copas – Ficar calado; b) Mão de vaca – Avarento; c) Cada macaco no seu galho – Cada um deve ocupar o seu lugar; d) Faça chuva, ou faça sol – Em qualquer circunstância; e) Dormir como uma pedra – Dormir profundamente; f) Falar com os seus botões – Falar consigo mesmo; g) Ter as costas quentes – Contar com a proteção de alguém.

3. b).

4. a) 7 × 14 = 98; b) 12 × 8 = 96; c) 15 × 6 = 90.

Dia 5

1. a) pé + rola = pérola; b) amar + elo = amarelo; c) cama + rim = camarim; d) cara + pau = carapau.

2. 1, 10, 26, 13, 20, 5, 30, 14 – Alegria; 15, 21, 24, 28, 2, 31, 9, 25 – Paz; 18, 16, 8, 7, 29, 23, 4, 11 – Esperança; 22, 17, 3, 6, 27, 19, 12 – Coragem.

3. d).

4. Exemplo: 12,75 < 15,20; a) 16 < 20); b) 9,5 < 10,80; c) 20 = 20; d) 27,5 > 21; e) 54 > 42; f) 12 = 12.

Dia 6

1. (1 e 5), (2 e 4) e (3, 6 e 7).

2. a) verso; b) cola.

3. c).

4. Migalhas.

Dia 7

1. A soma dos números de cada coluna é 18; assim, o número em falta é o 3, em ambos os casos.

2. a) mal, alma, palma, plasma, ampolas.

b) lua, luta, atual, altura, natural.

3. Cozinhar: Joana, Moisés e Pedro; Arrumar a cozinha: Teodora, Adriana e Carlota.

4. Resposta livre. Estratégias possíveis: propor um sorteio para a atribuição das tarefas; expressar gratidão pela participação de cada pessoa, apelando para a necessidade de cada um ajudar o outro no desempenho de tarefas; dar algum incentivo às pessoas que cederem e desempenharem a tarefa que não preferiram, como o de poder decidir algo para o próximo jantar; propor uma reunião em que cada um precisa dar uma sugestão para superar esse obstáculo.

Semana 5

Dia 1

1. Mensagem: Mantenha o foco e constatará que esta é uma tarefa simples. As minhas felicitações se conseguir resolvê-la no tempo proposto.

2. a) Benjamim, Daniel, Alexandre, Edgar, André, Rafael, Gabriel, entre outros.

b) Irene, Edite, Ivete, Inês, Eunice, Judite, Rute, entre outros.

c) Abel, Afonso, José, Nuno, Miguel, Manuel, Luís, Sérgio, entre outros.

d) Amanda, Carla, Lara, Marta, Sara, Íris, Alana, Clara, Flor, entre outros.

3. $2 \times 2 \times 2 + 2 = 10$ | $3 \div 3 + 3 \times 3 = 10$ | $5 + 5 + 5 - 5 = 10$ | $6 + 4 \div 2 + 2 = 6 + 2 + 2 = 10$ ou $6 + 4 + 2 - 2 = 10$ | $8 \times 3 \div 4 + 4 = 10$ ou $8 + 3 - 4 \div 4 = 10$.

4. a) 3; b) 1; c) 4.

Dia 2

1.

1	6	4	
3	8	2	7
	5		9

Nota: Existe pelo menos mais uma solução possível.

2. a) passos – pastos – pastor – pastar – postar – portar – cortar;

b) largo – cargo – carro – corro – corre – cobre.

3. quadrado = q; triângulo = t; círculo = c; $q + c = 8$; $c + t = 10$; $t + q = 12$; $q = 8 - c$; $t = 10 - c$; $10 - c + 8 - c = 12$; $q = 8 - c$; $t = 10 - c$; $6 = 2c$; $q = 5$; $t = 7$; $c = 3$.

4. a).

Dia 3

1. Mais tarde consultou o seu livro de bolso e reparou que tinha dado a informação errada. Como poderia desfazer o equívoco? O lapso poderia dar em nada, mas também poderia resultar em desastre. E era na segunda possibilidade que o seu pensamento se concentrava.

2. 955, pois a lógica é a das horas do dia (20h – 15 min = 19h45, 14h00 – 10 min = 13h50 min, 10h00 – 5 min = 9h55 min).

3.

22	11	44	19	10	9	11	12	6	24	9	2
13	21	8	21	5	7	6	21	20	12	66	7
20	52	4	10	8	5	3	23	6	48	27	18
10	11	16	8	32	13	12	35	19	21	28	14
40	28	5	11	9	6	3	12	3	30	25	7
17	24	47	34	30	45	40	6	31	4	8	28
9	18	9	36	15	19	37	24	35	2	9	11
6	24	6	21	60	32	11	9	32	8	56	34
10	5	20	7	27	20	33	2	16	1	29	19

4.

a)

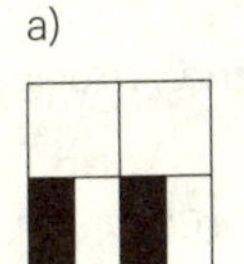

b)

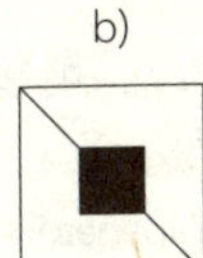

c)

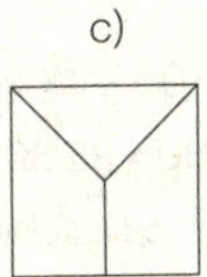

Dia 4

1. a) li + mão = limão; b) entre + vista = entrevista; c) algo + ritmo = algoritmo; d) pano + rama = panorama; e) calam + idade = calamidade.

2. d) As figuras estão ordenadas na horizontal, em zigue-zague, começando no canto superior direito e seguindo uma sequência de 9 figuras.

3. A família BARROSO.

1 + 1 + 1 + 1 = 4; 4/2 = 2 = B;

1 = A;

1 + 1 + 5 + 1 + 10 + 1 + 10 + 1 + 5 + 1 = 36; 36/2 = 18 = R;

10 + 10 + 5 + 1 + 10 = 36; 36/2 = 18 = R;

5 + 10 + 1 + 1 + 1 + 10 + 1 + 1 = 30; 30/2 = 15 = O;

1 + 10 + 5 + 10 + 5 + 1 + 5 + 1 = 38; 38/2 = 19 = S;

1 + 1 + 5 + 1 + 5 + 1 + 1 = 15 = O.

4. Não constavam os símbolos: ◈↓↕

Dia 5

1.

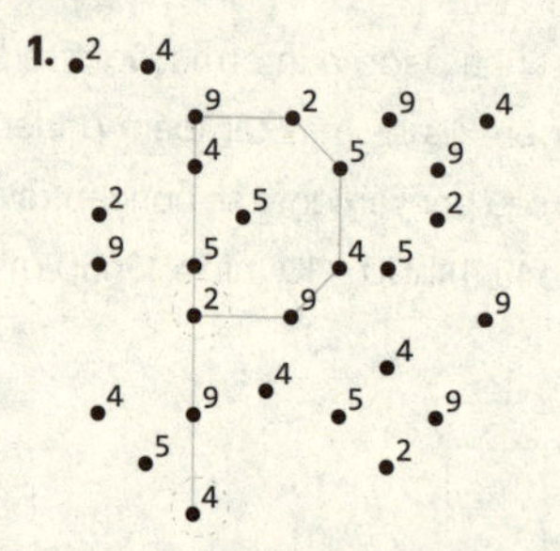

2. Objetos possíveis: parafuso, prato, panela, pinça, porta, pincel, pote, ponteiro, prateleira, pulseira, prego, papel, pasta, pente, perfume, pia, piano, portátil, pomada, pano etc.
3. São peças de vestuário: colete, saia, calças, casaco, luvas, poncho, parca, gravata, meias, túnica, robe e xale.
4. Da esquerda para a direita: g); a); i).

Dia 6

1. a) Ter o olho maior que a barriga – Querer mais do que se consegue comer; b) O gato comeu a sua língua – Estar calado; c) Nem que a vaca tussa – De jeito nenhum; d) Chorar sobre o leite derramado – Lamentar o que aconteceu; e) Queimar as pestanas – Ler muito; f) Como peixe na água – Estar à vontade.
2. a) F (o livro mais barato custa R$ 12,00 e também, nesse caso, a média não seria R$ 16,00);

   b) V;

   c) V (o livro mais caro custava originalmente R$ 27,00 × 100% / 75% = R$ 36,00, valor igual ao custo de três livros mais baratos, isto é, 3 × R$ 12,00 = R$ 36,00);

   d) F (como o custo subiria R$ 4,00 e são 4 livros, a média subiria apenas R$ 4,00 / 4 = R$ 1,00);

   e) F (se os R$ 16,00 de média fossem sem desconto, com desconto, a média seria igual a R$ 16,00 × 0,75 = R$ 12,00; como o livro mais caro já tem desconto, então a média nesse caso seria ainda superior a R$ 12,00 e, portanto, não seria de R$ 10,00);

   f) V (o custo total é de R$ 16,00 × 4 = R$ 64,00; o custo dos outros livros é de R$ 64,00 – R$ 27,00 – R$ 12,00 = R$ 25,00; R$ 25,00/2 é inferior a R$ 39,00/2).
3. b) Em cada coluna, o número de quadrados pintados em cima e embaixo é igual.
4. Resposta livre.

Dia 7

1. a) ii. Vela, porque as figuras começam por letras intervaladas (lupa, novelo, pé, régua, tesoura, vela); L, N, P, R, T, V.

   b) i. Os três livros, porque as imagens alternam entre dois elementos e três elementos.
2. a) TELENOVELA; b) LIQUIDEZ; c) DONZELAS; d) OUVINTES; e) CASSETE; f) GLICEMIA.
3. a) Pelo enunciado, correu 3 vezes (2 + 1) em dois dias não necessariamente consecutivos; então, para correr 12 vezes, precisou de 8 dias.

   b) 8h10.
4. Resposta livre.

Semana 6

Dia 1

2. c) Todos os bolos levam farinha, pois para cozinhar um bolo precisamos de farinha; logo, também todos os bolos que levam leite têm farinha.

3. a) Reta; b) Bata.

4. a) vi. b) v; c) ii.

5. Ver tabela do exercício 1.

Dia 2

1. A festa ocorrerá de tarde, em casa. Serão convidados os elementos da família e os amigos e o bolo será de chocolate.

	Período do dia	Local	Convidados	Bolo
Mãe	tarde	parque	família	nozes
Pai	noite	casa	família	nozes
Irmã	noite	jardim	família e amigos	laranja
Irmão	noite	jardim	família	chocolate

2. Resposta livre.

3.

∀Ⅎ ☒ FA ☒ ∀F ☐ AF ☐ FA ☒ ∀Ⅎ ☒

∀Ⅎ ☐ AF ☐ FA ☒ ∀Ⅎ ☒ ∀F ☐ ∀Ⅎ ☒

FA ☒ Ⅎ∀ ☐ F∀ ☐ ∀F ☐ ∀Ⅎ ☒ ꟻ∀ ☐

ꟻ∀ ☐ FA ☒ ∀ꟻ ☐ ∀Ⅎ ☒ ∀Ⅎ ☐ ∀F ☐

FA ☒ ꟻ∀ ☐ AF ☐ FA ☒ ⅎA ☐ ∀F ☐

4.

2	9	7	5	4
11	16	12	9	4
27	28	21	14	
55	49	40		
104	102			

Os números da diagonal cinza e os de cima são a soma dos números da linha superior, imediatamente acima e acima à direita. Assim, 9 + 7 = 16. Os números abaixo da linha cinzenta correspondem à soma de cada coluna, portanto 7 + 12 + 21 = 40.

Dia 3

1. Resposta livre. Sugestões:

"A pressa é inimiga da perfeição" pode ser substituída por: "Um trabalho bom em pouco tempo é tarefa de difícil cumprimento";

"As pessoas acham que o tempo passa, mas o tempo acha que as pessoas passam" pode ser substituída por: "O tempo decorre, mas o que verdadeiramente decorre é a nossa vida";

"Entre o dizer e o fazer há um longo caminho a percorrer" tem como frase de idêntico significado: "Fácil é falar, difícil é concretizar";

"Lugar de dia perdido nunca é preenchido" tem como expressão análoga: "Um dia em vão nunca deixará de o ser";

"Para um bom mestre não há má ferramenta" pode ser substituída pela frase: "Quando se domina uma arte, os meios podem não ser os melhores, mas o trabalho será sempre de qualidade";

"Língua ajuizada é sempre moderada" pode ter como frase com o mesmo significado: "Sensato é falar de forma comedida".

2.

a)

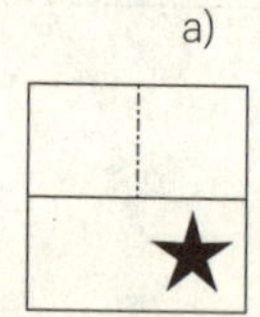

b)

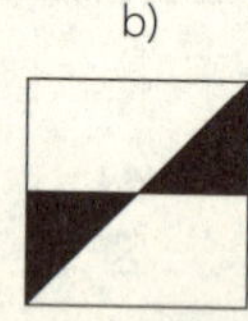

c)

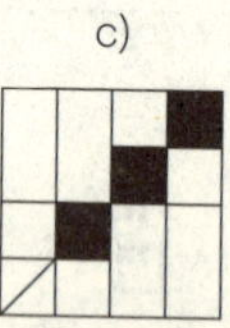

3. a) 1.310; b) 20 × 7 = 140 e 168 – 140 = 28 e 28 / 7 = 4, ela precisará ler mais 4 páginas por dia; c) Terá de ler 40 páginas: 24 x 2 = 48 e 48 / 3 = 16 e 24 + 16 = 40; d) 1.310 – 410 = 900 e 900/150 = 6, o que significa que faltam 6 semanas para o fim do ano; logo, Eduarda está no mês de novembro.

4. Ver o exercício 1.

Dia 4

1. Termina no símbolo "sol".

2. O8XE – Tem de existir um X e não podem existir I, V, L, C, D e M. Em A E I O U, o nome tem A e I, mas E e O é que têm de existir. O nome tem 8 letras, motivo pelo qual o número 8 tem de existir.

3. a) 30 morangos (2 bananas = 4 maçãs, então 3 bananas = 6 maçãs. Se 3 maçãs = 15 morangos, então 6 maçãs = 30 morangos. Assim, 3 bananas = 30 morangos);

b) 42 cerejas (3 peras = 2 maçãs, então 6 peras = 4 maçãs. Se 2 peras = 14 cerejas, então 6 peras = 42 cerejas. Assim, 4 maçãs = 42 cerejas);

c) 63 cerejas (3 maçãs = 15 morangos, então 6 maçãs = 30 morangos. Se 3 peras = 2 maçãs, então 9 peras = 6 maçãs. Se 2 peras = 14 cerejas, então 1 pera = 7 cerejas, isto é, 9 peras = 63 cerejas. Assim, 30 morangos = 63 cerejas);

d) 3 bananas (3 peras = 2 maçãs, então 9 peras = 6 maçãs. Se 2 bananas = 4 maçãs, então 3 bananas = 6 maçãs. Assim, 9 peras = 3 bananas).

4. Resposta livre.

Dia 5

1. a) manga; b) funil; c) Grécia; d) Viseu.
2. 19 triângulos e 11 quadrados. Há mais triângulos.
3. Durou 5 semanas. Sendo a percentagem superior a 50%, precisará iniciar com manhãs e consegue-se a percentagem de 60% com 3 semanas de manhãs e 2 semanas de tardes.
4. Uma vez que Guiomar só se interessa por marketing, este seria o curso que frequenta. A partir dessa conclusão, podemos concluir que: Adélio frequenta o curso de fotografia; Zulmira, o de informática, e Rodolfo, o de espanhol, conforme o quadro a seguir:

	Fotografia	Informática	Espanhol	Marketing
Adélio	gosta			gosta
Zulmira	gosta	gosta		
Rodolfo	gosta	gosta	gosta	
Guiomar				gosta

Dia 6

1. As respostas estão assinaladas com a forma oval na figura abaixo.
2. As respostas estão assinaladas com um retângulo na figura abaixo.

3. a) A ambulância deve cortar na primeira à sua direita, no final dessa rua deve virar à direita, cortar depois na primeira à esquerda, ao final da rua virar à direita e ir em frente. Encontrará o hospital do lado esquerdo, após um cruzamento.

b) O ônibus turístico vai cortar na primeira à direita, depois no entroncamento que encontrar vai virar à sua direita, cortar na primeira à esquerda e, após o cruzamento no qual segue em frente, o circo estará do lado direito.

4. a) O símbolo do prato com talheres.

b) Ônibus turístico – Ambulância – Ônibus – Carro.

5. Resposta livre. Sugestões: clínica médica, museu, parque urbano, biblioteca, mercado municipal, maternidade.

Dia 7

1. a) ementa; b) estudo; c) borracha; d) gatos.

2. Distinto; caminho; entrada; cadeia; presente; plano; salto; limpar.

3. c) Se uma abóbora grande pesa tanto quanto quatro pequenas, e duas pequenas pesam menos do que uma média, então duas médias são mais pesadas do que uma grande.

4. Sublime.

Semana 7

Dia 1

1. a) leitão; b) girafa (girar), serpente (pente) e javali (já vali, pois foi superado).

2. a) Em equipe que está ganhando não se mexe; b) De pequenino é que se torce o pepino; c) Em boca fechada não entra mosquito; d) Ter a faca e o queijo na mão; e) Ter mãos de fada; f) Dançar conforme a música; g) Dar dois dedos de conversa.

3. a) ii; b) iv.

4. 7 familiares e 5 amigos.

(12 [lugares] – 2 [casal] – 3 [amigos] = 7 [familiares];

12 [lugares] – 2 [casal] – 5 [familiares] = 5 [amigos]).

Dia 2

1. Consultar a correspondência prato/código do enunciado.

2. 928.054.

3. Cheio; festa; paciente; obrigado; sujeito; forte; claro; calo; risco.

4. a) afago, pois na sequência alterna-se entre uma palavra de cinco letras e uma de seis, e a segunda letra de cada palavra segue a ordem alfabética.

Dia 3

1. Escolheram o percurso do Hélder. Vasco: 15 km/h; Hélder: 18 km/h; Antônio: 16 km/h.

2.

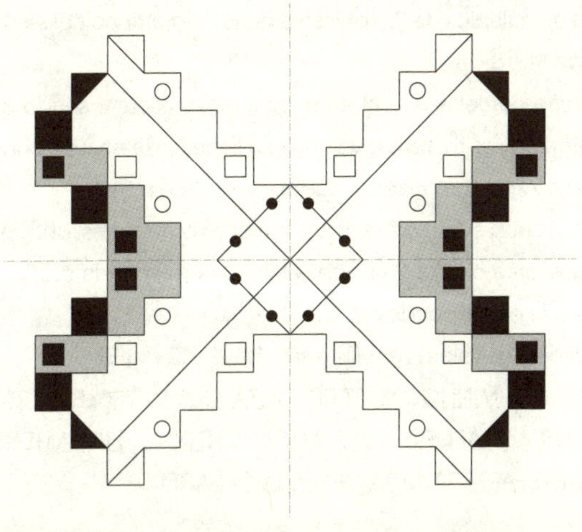

3. a) FOLGA; b) INSÔNIA; c) POEMA; d) IBÉRICA; e) CÂMARA; f) CHINÊS; g) ASPIRINA; h) ALICERCE.

4. Resposta livre.

Dia 4

1. a) Precisa tirar 6, pois se apenas tirar 5 pode ser que fique com 3 azuis e 2 verdes, ficando sem a cor-de-rosa.

b) Precisa tirar 4, pois se apenas tirar 3 pode ser que fique com apenas as 3 azuis.

c) Sentaram-se 4 pessoas. Se ao fim de 3 horas (180 minutos) houve mudança de pessoa, significa que nas 3 horas iniciais sentaram-se pelo menos 2, pois não há quem fique mais de 2 horas. Porém, se tivessem se sentado 3 pessoas nesse período inicial, significaria que no mínimo ocupariam os lugares durante 1h20 + 1h20 + 1h20, isto é, 4 horas, o que não seria possível. Assim, sentaram-se 2 pessoas na primeira metade da viagem e, como a segunda metade também é de 3 horas, também se sentaram 2 pessoas, totalizando 4.

d) São cinco afilhados. Se são 3 da parte de Manuela e 4 da parte do marido, são 7 afilhados. Mas, como há dois que são afilhados de ambos, conclui-se: 7 – 2 = 5.

2.

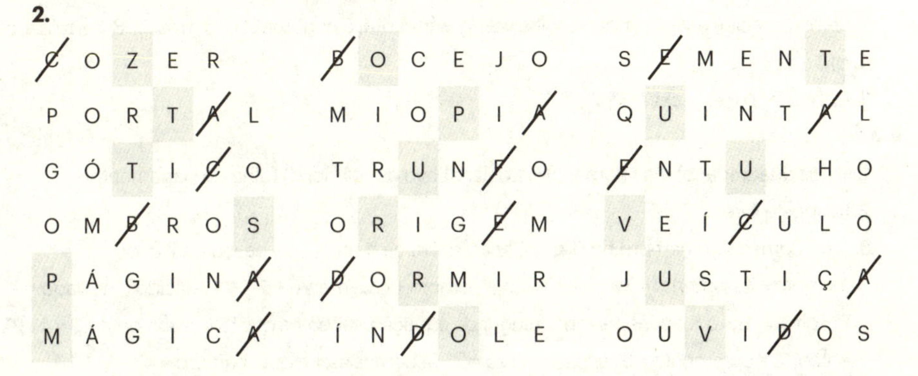

3. Na linha cinza-escura, de quadrado em quadrado e para a direita, somam-se inicialmente 2, depois 4, depois 6, depois 8... isto é, múltiplos de 2, por isso o quadrado branco nessa linha terá o valor de 22, pois é a soma de $14 + 8$.

Os quadrados na parte superior são parcelas do valor na linha cinza-escura, sendo que, quando somados, resultam nesse valor. Assim, para o valor 32 na linha cinza-escura, corresponde o valor 12 no quadrado branco, e o que corresponde ao valor 112 é o 91.

Nos quadrados da parte inferior, havendo subtração entre o maior e os menores, obtém-se o valor da linha cinza-escura. Assim, para o valor 2 na linha escura, corresponde o valor 20 no quadrado branco, e para o valor 74 corresponde o 7.

Em resumo, da esquerda para a direita, os valores em falta são: 20, 22, 12, 7 e 91.

4. RETÓRICO, RICOCHETE; PERGAMINHO, MINHOCAS; TERRACOTA, COTAÇÕES; DESTRAVE, TRAVESSEIRO; GAIVOTA, VOTAÇÃO; METÁFORA, FORAGIDO; CONFIRMA, FIRMAMENTO; ABSOLUTA, LUTADORA; ESTANDARTE, ARTESANATO; DESPESA, PESADELO.

Dia 5

2. a) chimpanzé; b) quarto (dois quartos); c) brinco; d) macacão; e) a língua materna; f) Mercúrio.

3. A Tulipa vale 5. Podemos resolver o problema usando a matemática ou por tentativa e erro. Pela matemática, podemos simplificar o problema de 5 incógnitas e 5 equações se usarmos apenas as linhas 1, 4 e 5, pois temos apenas 3 incógnitas (árvore, folha, cogumelo) e 3 equações. Com as linhas 4 e 5, podemos simplificar mais, pois sabemos que 1 folha e 2 árvores equivalem a 10 unidades ($1f + 2a = 10$). Transformando em equações, na primeira linha temos $8 = 1a + 2f$ ou então $8 - 2f = a$. Na simplificação anterior, passamos a ter $1f + 2(8 - 2f) = 10$, isto é, $1f + 16 - 4f = 10$. Ficamos apenas com uma incógnita nessa equação. Assim, resolvemos para $16 - 10 = 4f - 1f$, isto é, $6 = 3f$, então $f = 2$. Com esse resultado é mais fácil descobrimos os outros valores: a folha vale 2; a árvore, 4; o cogumelo, 6; o girassol, 8; e a tulipa, 5.

Pela via da tentativa e erro, podemos testar valores. Pela primeira equação, sabemos que 1 árvore e 2 folhas têm de somar 8. Então, se a folha assumisse o valor de 4, a árvore valeria 0, o que não é possível, pois é necessário ser um valor inteiro positivo. Assim, a folha só pode valer 1, 2 ou 3. Se valer 1, a árvore vale 6, então o cogumelo vale 7, tornando a última linha falsa, pois $7 + 6 = 10$, o que é falso. Se a folha valer 3, a árvore vale 2, o cogumelo vale 5 e $5 + 3 = 10$, o que é falso. Então, podemos concluir e verificar que a folha vale 2; a árvore, 4; o cogumelo, 6; o girassol, 8; e a tulipa, 5.

4. b).

5. Consultar o exercício 1.

Dia 6

1. a) raiz quadrada; b) Via Láctea; c) parcela; d) ovo estrelado; d) folha de pagamento.

2. Resposta livre.

3. Vera começou o namoro há 6 anos, ficou noiva há 4 anos e se casou há 2 anos.

"namoro + casamento = 3 × casamento"; "namoro + casamento + 2 = 4 × noivado"; "noivado = 2".
Resolvendo as equações, usando a segunda equação, sabemos que "3 × casamento + 2 = 4 × 2", então, "3 × casamento = 6" e "casamento = 2". Sabemos assim que "namoro = 4".

4.

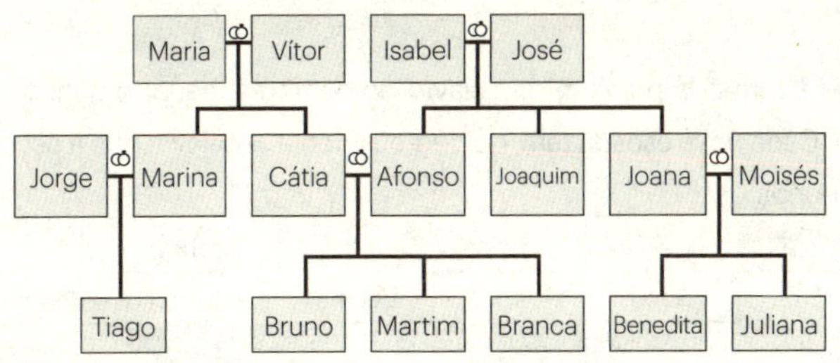

Dia 7

1. Resposta livre.

2. a) 15. Se têm R$ 5,00 e com cada raspadinha lucram R$ 4.995,00, então precisam ganhar (70.000 – 5)/4.995, o que equivale a 14.013, isto é, mais de 14 raspadinhas; portanto, 15. Também é possível chegar à mesma conclusão sem fazer conta: se o lucro fosse de R$ 5.000,00 por raspadinha, seriam necessárias exatamente 14, mas, como o lucro é ligeiramente inferior, precisam ser 15.

b) 13 anos.

3.000 + 3.500 + 4.000 + 4.500 + 5.000 + 5.500 + 6.000 + 6.500 + 7.000 + 7.500 + 8.000 + 8.500 + 9.000 = 78.000.

3. a) Na casa da frente; b) Fátima e Gilberto; c) Térrea com um quarto; d) Ir à terra natal conviver com familiares; e) O jovem Alfredo; f) Uma semana; g) Inicialmente espantados, mas depois acharam graça; h) Não.

4. Consideram-se as trocas de posição.

a) 2. tocas; b) 3. pirata; c) 1. 63.290.

Semana 8

Dia 1

1. RESPOSTA CORRETA

POSTAL	PROCESSO	SUPERIOR	POS
ARESTAS	RECIBOS	GENROS	RES
CAPOTO	CARTOLA	MATERNA	TA
TA	COR	RE	

2. _; _; 5; 3; 5.

4; 1; 3; 6; 1.

4; 4; 2; 7; 7.

5; 3; 1; 4; 5.

3. a) 2; b) 3; c) 4; d) 1.

4. A probabilidade é igual, pois o amigo que propôs o jogo não estava tentando sair na vantagem. Num total de 36 resultados possíveis no lançamento de dois dados, há seis combinações de dados que originam uma soma de 7 e também 6 combinações que originam as somas de 2, 3, 11 ou 12.

Dia 2

2. A palavra de cada degrau é formada pelo fim da palavra do degrau superior e o início da palavra do degrau inferior. Cada nova escada tem, no degrau inferior, a palavra que a escada abaixo tem no degrau superior.

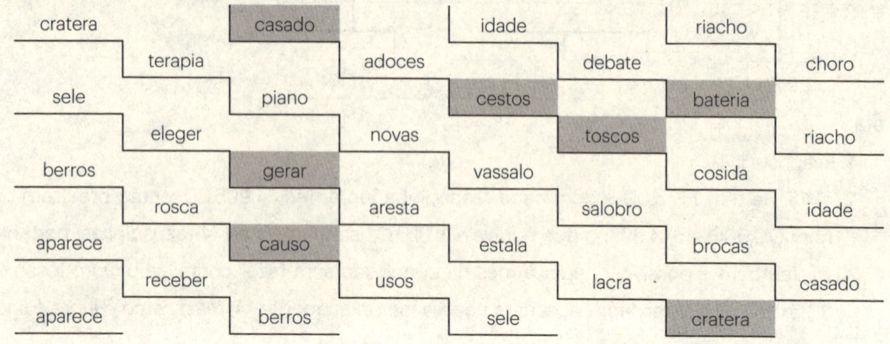

3. a) Se Francisca, que é a mais leve, for para o elevador B, qualquer outra combinação de pessoas vai exceder a capacidade do elevador A (86 + 89 + 72 + 75 = 322). Assim, Francisca tem de ficar no elevador A, o que significa que ele fica com 96 kg de folga, podendo acomodar qualquer uma das outras pessoas.

Se Cândido, que é o mais pesado, for para o elevador B, qualquer outra combinação de pessoas vai exceder a capacidade do elevador B (95 + 72 + 75 + 79 = 321). Assim, Cândido precisa ficar no elevador A.

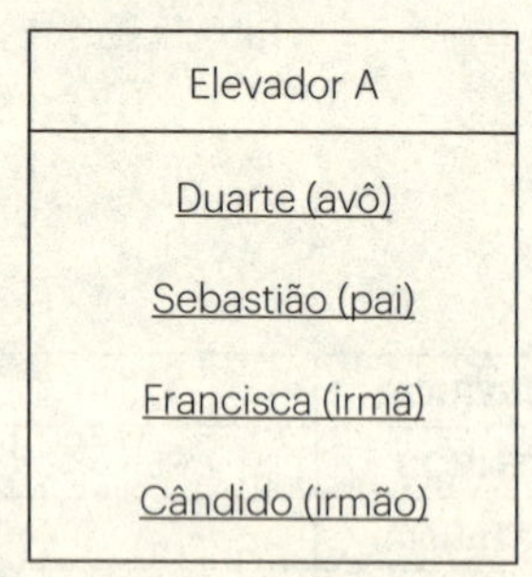

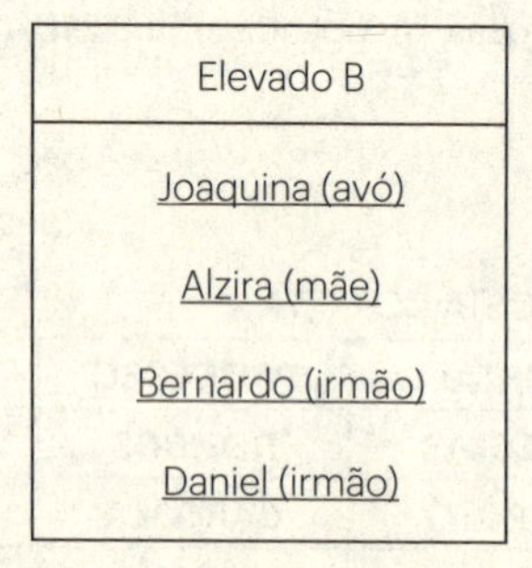

b) 11 kg.

c) Cândido, sendo jovem e o mais pesado, tem de descer pelas escadas. De acordo com a regra de bonificação, o pai Sebastião, o segundo mais pesado (89 kg), concorre com um peso de 83 kg. Como o Humberto é mais pesado (88 kg), será ele quem descerá com o Cândido.

d) 92 kg (86 + 89 + 49 = 224; 320 × 0,30 = 96; 224 + 96 = 320; 96 – 4 = 92).

4. a) Primeira à esquerda; b) 3 crianças; c) direito; d) da menina que tem a pipa; e) uma criança; f) esquerdo; g) sim; h) não.

Dia 3

1.

P❁	E⌘	N★	A❖						
N	A	I	P	E					
P	A	I	N	E	L				
P	I	N	C	E	L	A			
P	E	L	I	C	A	N	O		
P	O	T	E	N	C	I	A	L	
I	N	C	O	M	P	L	E	T	A

2. Resposta variável.

3. a) Pode levar 60 lajotas (1 saco de cimento pesa 20 kg [320/16] e uma lajota pesa 2 kg [320/160], motivo pelo qual com 10 sacos temos 200 kg ocupados e os restantes 120 kg podem ser ocupados com 60 lajotas [60 × 2 = 120]);

b) Pode levar 11 sacos de cimento (320 – 88 = 232 kg. 11 sacos correspondem a 220 kg);

c) 5 sacos (2 + (0,5 × 3) + (3 × $\frac{1}{3}$) + (2 × $\frac{1}{4}$) = 5);

4. a) Humberto tem 23; Joaquim, 32;

b) Os sapatos marrons estão em uma caixa azul. Se os dois pares de sapatos azuis estão em caixas com a mesma cor, e como não estão em caixas com a mesma cor dos sapatos, então os dois pares de sapatos azuis estão em caixas pretas. Sobram, então, duas caixas azuis e uma caixa marrom. Como os sapatos marrons não podem estar em uma caixa da própria cor, só podem estar na caixa azul.

Dia 4

1. a) i; b) iii; c) iii.

2. CON<u>SENSO</u> – <u>SENSO</u>RIAL; AMAR<u>ROTA</u> – <u>ROTA</u>TIVO; CRONO<u>GRAMA</u> – <u>GRAMA</u>TICALMENTE; DÁL<u>MATA</u> – <u>MATA</u>DOURO; DESEN<u>VOLTA</u> – <u>VOLTA</u>ICO; PROTO<u>COLO</u> – <u>COLO</u>SSO; LOM<u>BRIGA</u> – <u>BRIGA</u>DEIRO; TRI<u>CICLO</u> – <u>CICLO</u>NES; SILI<u>CONE</u> – <u>CONE</u>XÃO; LOCO<u>MOTIVA</u> – <u>MOTIVA</u>ÇÃO.

3. a) Estímulos que nos chegam por via dos nossos sentidos; b) Espaços que permitem guardar coisas; c) Fases do desenvolvimento humano; d) Papéis que uma pessoa pode exercer.

4. Com base nas linhas 1 e 4, podemos descobrir dois valores. Sabemos que 2 calças equivalem a 3 camisolas, então sabemos que 24 = 6 camisolas, portanto, a camisola vale 4. Assim, a calça vale 6. Conforme a linha 2, sabemos que 1 saia + 16 = 1 saia + 1 casaco, então o casaco vale 16. De acordo com a linha 3, sabemos que 1 saia + 10 = 1 vestido + 1 saia, então o vestido vale 10. Já na linha 5, descobrimos que 32 = 30 + 1 saia, então a saia vale 2.

Assim: calça = 6; camisola = 4; vestido = 10; casaco = 16; saia = 2.

Dia 5

1. Resposta livre.

2. a) Se o rendimento da hora do Júlio é de 10%, o rendimento do Rogério e do Adriano é de 20%. Assim, após uma hora, 50% do trabalho estará feito (20% + 20% + 10% = 50%), e após duas os três padeiros terão terminado (20% + 20% + 20% + 20% + 10% + 10% = 100%).

b) Cada vez que os módulos se encontram, podem ser dispensadas 8 cantoneiras; como há 7 zonas de encosto serão dispensadas 56 cantoneiras.

3.

VALENTE	SÉRIO	ENGRAÇADO
CORAJOSO	AUSTERO	GRACIOSO
DESTEMIDO	CUMPRIDOR	DIVERTIDO
AUDAZ	SISUDO	AGRADÁVEL

4. A segunda coluna tem o número de letras dos números por extenso, motivo pelo qual o 6 corresponde a “quatro”.

Dia 6

1.

8	***7***	***0***					
6	5	9					= 20
4	***2***	***1***	***3***				
1	7	8	4				= 20
7	***5***	***7***	***9***	***1***			
5	0	5	2	8			= 20
3	***8***	***9***	***5***	***6***	***7***		
4	6	2	0	3	5		= 20
6	***9***	***4***	***7***	***3***	***9***	***6***	
3	2	1	5	4	2	3	= 20

2. a) 5 moças e 2 rapazes; b) neta.

3. 2 5 1 6 2 1 4 3 3.

4.

C	O	R	T	A	N	T	E	S
	I	N	C	E	R	T	O	
	G	A	L	E	R	I	A	
	A	S	S	E	N	T	O	
		R	O	M	E	N	A	
	A	P	O	S	T	A		
		F	R	A	S	E		
			C	O	R	P	O	
		S	E	T	A	S		
			T	E	M	A		
			C	A	R	A		
			P	A	I			
			P	I	A			
			A	R	C	A		
			M	E	T	A		
		S	E	S	T	A		
			P	O	R	C	O	
		F	E	R	A	S		
	S	A	P	A	T	O		
		M	O	R	E	N	A	
	S	E	N	S	A	T	O	
	A	L	E	G	R	I	A	
	R	E	C	I	N	T	O	
C	O	N	T	R	A	S	T	E

Dia 7

1. a) Quem tem boca vai a Roma; b) Pão, pão; queijo, queijo; c) A palavra é prata, o silêncio é ouro; d) Água mole em pedra dura tanto bate até que fura; e) Águas passadas não movem moinhos; f) Quem ri por último ri melhor; g) Nem tudo o que reluz é ouro.

2. a) ciganas; b) rotas, c) meteoro, d) sombras.

3. a) Na melhor das hipóteses, todas as pessoas que apreciam vinho verde (a menor porcentagem) apreciariam também os dois outros tipos de vinho, motivo pelo qual no máximo 60% dos entrevistados apreciariam os 3 vinhos. Entre as pessoas que não apreciam vinho tinto (10%), as pessoas que não apreciam vinho branco (30%) e as pessoas que não apreciam vinho verde (40%) restam 20% (100% – 10% – 30% – 40% = 20%) de pessoas que apreciarão os três tipos de vinho. Assim, a porcentagem real de pessoas que apreciam os três tipos de vinho está entre 20% e 60%.

b) 60%, pois 60% das pessoas apreciam vinho verde.

4.

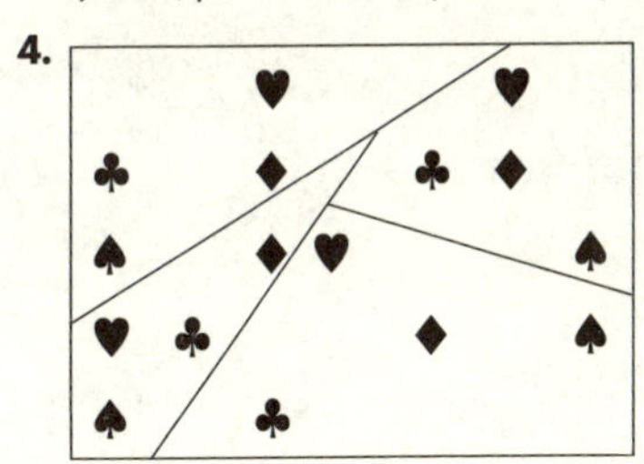

Referências

ALZHEIMER'S ASSOCIATION. *The Healthy Brain Initiative*: A National Public Health Road Map to Maintaining Cognitive Health. Chicago, IL: Alzheimer's Association, 2007. Disponível em: https://www.cdc.gov/aging/pdf/thehealthybraininitiative.pdf. Acesso em: 4 fev. 2023.

AMERICAN PSYCHOLOGICAL ASSOCIATION. *Life plan for the life span*. Washington, DC: American Psychological Association, 2018. Disponível em: https://www.apa.org/pi/aging/lifespan.pdf. Acesso em: 4 fev. 2023.

ANSADO, J. et al. The adaptive aging brain: evidence from the preservation of communication abilities with age. *European Journal of Neuroscience*, [*s.l.*], v. 37, n. 12, p. 1887-1895, jun. 2013. Wiley. Disponível em: http://dx.doi.org/10.1111/ejn.12252. Acesso em: 4 fev. 2023.

ARCOS-BURGOS, M. et al. Neural Plasticity during Aging. *Neural Plasticity*, [*s. l.*], v. 2019, p. 1-3, 26 mar. 2019. Hindawi Limited. Disponível em: http://dx.doi.org/10.1155/2019/6042132. Acesso em: 4 fev. 2023.

BAMIDIS, P. D. et al. A review of physical and cognitive interventions in aging. *Neuroscience & Biobehavioral Reviews*, [*s. l.*], v. 44, p. 206-220, jul. 2014. Elsevier BV. Disponível em: http://dx.doi.org/10.1016/j.neubiorev.2014.03.019. Acesso em: 4 fev. 2023.

BARANOWSKI, B. J. et al. Healthy brain, healthy life: a review of diet and exercise interventions to promote brain health and reduce Alzheimer's disease risk. *Applied Physiology, Nutrition, and Metabolism*, [*s. l.*], v. 45, n. 10, p. 1055-1065, out. 2020. Canadian Science Publishing. Disponível em: http://dx.doi.org/10.1139/apnm-2019-0910. Acesso em: 4 fev. 2023.

CASTANHO, T. C. et al. Association of positive and negative life events with cognitive performance and psychological status in late life: a cross-sectional study in Northern Portugal. *Aging Brain*, v. 1, 2021. Elsevier BV. Disponível em: http://dx.doi.org/10.1016/j.nbas.2021.100020. Acesso em: 4 fev. 2023.

DAVIS, N. J. Quantifying the trajectory of gyrification changes in the aging brain (Commentary on Madan, 2021). *European Journal of Neuroscience*, [*s. l.*], v. 53, n. 11, p. 3634-3636, 2 maio 2021. Disponível em: Wiley. http://dx.doi.org/10.1111/ejn.15220. Acesso em: 4 fev. 2023.

DEMENEIX, B. Environmental influences on brain aging. *Aging Brain*, [*s. l.*], v. 1, p. 100003, 2021. Elsevier BV. Disponível em: https://doi.org/10.1016/j.nbas.2020.100003. Acesso em: 4 fev. 2023.

GLOBAL COUNCIL ON BRAIN HEALTH. *Engage Your Brain*: GCBH Recommendations on Cognitively Stimulating Activities. Disponível em: https://www.aarp.org/content/dam/aarp/health/brain_health/2017/07/gcbh-cognitively-stimulating-activities-report-english-aarp.doi.10.26419%252Fpia.00001.001.pdf. Acesso em: 4 fev. 2023. Acesso em: 4 fev. 2023.

HARADA, C. N.; NATELSON LOVE, M. C.; TRIEBEL, K. L. Normal Cognitive Aging. *Clinics in Geriatric Medicine*, [*s. l.*], v. 29, n. 4, p. 737-752, nov. 2013. Elsevier BV. Disponível em: https://doi.org/10.1016/j.cger.2013.07.002. Acesso em: 4 fev. 2023.

INSTITUTO NACIONAL DE ESTATÍSTICA. Tábuas de Mortalidade para Portugal – 2018–2020. Esperança de vida atingiu 81,06 anos à nascença e 19,69 anos aos 65 anos. *INE*, 2021. Disponível em: https://www.ine.pt/xportal/xmain?xpid=INE&xpgid=ine_pesquisa&frm_accao=PESQUISAR&frm_show_page_num=1&frm_modo_pesquisa=PESQUISA_SIMPLES&frm_texto=tábua+de+mortalidade&frm_modo_texto=MODO_TEXTO_ALL&frm_data_ini=&frm_data_fim=&frm_tema=QUALQUER_TEMA&frm_area=o_ine_area_Destaques&xlang=pt. Acesso em: 4 fev. 2023.

KIRALY, S. J. Mental health promotion for seniors. *BC Medical Journal*; [*s. l.*], v. 53, n. 7, p. 336-340, set. 2011. Disponível em: https://www.bcmj.org/articles/mental-health-promotion-seniors. Acesso em: 4 fev. 2023.

MARQUES-TEIXEIRA, J. *Manual da disfunção cognitiva na prática clínica*. Linda-a-Velha: VVKA, 2012.

NEVES, O. *Dicionário de expressões correntes*. Portugal: Editorial Notícias, 2000.

NUSSBAUM, P. D. Brain health: bridging neuroscience to consumer application. *Journal of the American Society on Aging*, [*s. l.*], v. 35, n. 2, p. 6-12, jul. 2011. Disponível em: http://www.paulnussbaum.com/Gens_v35n2-Nussbaum.pdf. Acesso em: 4 fev. 2023.

NUSSBAUM, P. D. Brain health for the self-empowered person. *Journal of the American Society on Aging*, [*s. l.*], v. 39, n. 1, p. 30-36, fev. 2015. Disponível em: http://paulnussbaum.com/Generationsv39n1Nussbaum.pdf. Acesso em: 4 fev. 2023.

OECD. *Understanding the brain*: the birth of a learning science. Paris: OECD Publishing, 2007. Disponível em: https://doi.org/10.1787/9789264029132-en. Acesso em: 4 fev. 2023.

ORGANIZAÇÃO MUNDIAL DA SAÚDE. Resumo: relatório mundial de envelhecimento e saúde. *World Health Organization*, 2015. Disponível em: https://

apps.who.int/iris/bitstream/handle/10665/186468/WHO_FWC_ALC_15.01_por.pdf;jsessionid=C460A29BF6C35348EF5F9788FB61553C?sequence=6. Acesso em: 1 fev. 2023.

OSCHWALD, J. et al. Brain structure and cognitive ability in healthy aging: a review on longitudinal correlated change. *Reviews in the Neurosciences*, [*s. l.*], v. 31, n. 1, p. 1-57, 5 jun. 2019. Walter de Gruyter GmbH. Disponível em: https://doi.org/10.1515/revneuro-2018-0096. Acesso em: 4 fev. 2023.

PETERS, R. Ageing and the brain. *Postgraduate Medical Journal*, [*s. l.*], v. 82, n. 964, p. 84-88, 1 fev. 2006. Oxford University Press (OUP). Disponível em: https://doi.org/10.1136/pgmj.2005.036665. Acesso em: 4 fev. 2023.

SÁNCHEZ-IZQUIERDO, M.; FERNÁNDEZ-BALLESTEROS, R. Cognition in healthy aging. *International Journal of Environmental Research and Public Health*, [*s. l.*], v. 18, n. 3, p. 962, 22 jan. 2021. MDPI AG. Disponível em: http://dx.doi.org/10.3390/ijerph18030962. Acesso em: 4 fev. 2023.

SANJUÁN, M.; NAVARRO, E.; CALERO, M. D. Effectiveness of cognitive interventions in older adults: a review. *European Journal of Investigation in Health, Psychology and Education*, [*s. l.*], v. 10, n. 3, p. 876-898, 2 set. 2020. MDPI AG. Disponível em: https://doi.org/10.3390/ejihpe10030063. Acesso em: 4 fev. 2023.

SHERMAN, C. Successful aging & your brain. *The Dana Foundation*, 2017. Disponível em: https://dana.org/wp-content/uploads/2019/05/Successful_Aging_Booklet_2017.pdf. Acesso em: 4 fev. 2023.

VALENZUELA, M. J.; BREAKSPEAR, M.; SACHDEV, P. Complex mental activity and the aging brain: molecular, cellular and cortical network mechanisms. *Brain Research Reviews*, v. 56, n. 1, p. 198-213, nov. 2007. Elsevier BV.

Disponível em: https://doi.org/10.1016/j.brainresrev.2007.07.007. Acesso em: 4 fev. 2023.

ZIHL, J. Adapting to the adaptive brain: tapping into the brain's plasticity and reserves for successful coping with ageing and neurorehabilitation. *Aging Brain*, [*s. l.*], v. 1, p. 100005, 2021. Elsevier BV. Disponível em: https://doi.org/10.1016/j.nbas.2021.100005. Acesso em: 4 fev. 2023.

Editora Planeta Brasil | 20 ANOS

Acreditamos nos livros

Este livro foi composto em Graphik e impresso pela Geográfica para a Editora Planeta do Brasil em julho de 2023.